團隊自省指南

打造敏捷團隊

起手式・團隊自省套路
手法・心態

森一樹 [著]
Mori Kazuki

余中平 / 黃世銘 [譯]

SE
SHOEISHA

團隊保健與工作順暢的絕佳方案

「自省」這個詞，表面看似老舊，可能讓人想起國文課本中的古典智慧，比如「吾日三省吾身」，或是學生時代被老師要求寫的悔過書，反省自己頑皮的行為。

對我來說，「檢討」、「反省」、「反思」和「自省」等詞曾帶有一定的負面印象，好似只是重複著「我錯了」、「以後不會再犯」、「老師說的是對的」等無意義的套話。記憶中，寫悔過書時內心充斥著挫敗、無奈和無處發洩的叛逆情緒。

這些早年的經歷，讓我對「自省」這個概念並不抱有太多好感。

然而，在我投身職場多年後，在新加坡商鈦坦科技，我遇見了敏捷（Agile）方法。敏捷集合了看板（Kanban）、Scrum、精實（Lean）等多種工作方法。讓我驚訝的是，我在 Scrum 方法中發現了「短衝自省會議」（Sprint Retrospective Meeting）！

我最初的反應是：「現在這個年代，還談自省？」然而，隨著對其深入了解和實踐，我逐漸體會到兒時對「檢討」的認知與敏捷中的「自省」之間的本質差異。

「檢討」是他人對我們的要求，而「自省」是我們對自己的期待。

「檢討」往往著眼於指責與懲罰，而「自省」則注重系統思維和團隊合作。

「檢討」通常伴隨著二元對錯的判斷，而「自省」則是一種超越二元的自我提升。

自省會議賦予團隊一個定期停下來的機會，反思和調整，以便更好地前進，這不僅是保持團隊健康的關鍵，也是確保工作流暢的重要手段。說起來容易，而如何將「檢討」轉化為「自省」，是實踐敏捷過程中的一大挑戰。

恭喜您遇到了《團隊自省指南》這本書。作者森一樹是一位經驗豐富的敏捷教練和導師，而兩位譯者也是極佳的人選。譯者之一，余中平（John Yu），多年來堅持每月舉辦台北敏捷聚會，耕耘敏捷文化在台灣的生根與發展。另一位譯者，黃世銘（Sam Huang），獲得了 2022 年度敏捷傳教士獎，他是台灣資深的 ScrumMaster。書中的會議引導正是 ScrumMaster 的日常。兩位譯者的實戰經驗使這本書不僅忠於原文，而且更接地氣。

「你的團隊自省會議開得如何呢？」期待您的分享。

Yves Lin 林裕丞
台灣敏捷協會創會理事長｜氣機科技共同創辦人
黑手阿一的實戰報告 YVESLIN.com

日光出現了，代表不一樣的情況

季節氣候對於許多人來說，似乎是一種順應自然的大環境，若是住在台北，適應冬雨的冰冷和潮濕，若是住在新加坡，適應赤道的熱和很熱氣溫。然後台北人感恩冬日暖陽，新加坡人在午後雷陣雨涼爽自在。靠山吃山，靠海吃海，靠傳統產業聽話行事，靠敏捷企業迭代成長。

所以我相信，在產業領域和組織發展中，每個人和組織都是有許多選項的。當你有選擇的時候，代表不一樣的情況。當你的組織選擇採用 Agile 敏捷開發的時候，代表你願意接受不確定性，運用迭代來持續改善，願意嘗試創新和學習，這就是代表不一樣。「團隊自省」會議就是團隊成長的那一道光，當日光出現了，代表不一樣的情況開始了。

新加坡商鈦坦科技 Titansoft 在導入敏捷開發的學習歷程中，為了讓團隊溝通的品質和效果提升，我們在 Odd-e 顧問的協助下接觸了 Scrum 軟體開發，產品可以專注在高價值的工作項目，團隊人員可以彼此交流持續的成長。Scrum 的自省會議，是團隊成長最核心的動力引擎，它檢視在短衝期間的團隊動態，它讓團隊成員看見彼此，更重要的是它帶動成長待辦清單的產出。有了成長的目標，然後就可以行動。

我很喜歡在《團隊自省指南》書中，譯者 John 和 Sam 刻意將 Retrospective 翻譯成「團隊自省」，這和常見的翻譯「回顧」或「反思」有所不同的。他們認為這不是藉此活動來指責和要求他人，他們相信這是以改善自己為前題的行動出發點，是良善的意圖，所以在書中刻意使用了「團隊自省」。

譯者 Sam 是企業內的組織發展實踐者，也是在團隊中服務多年的全職 ScrumMaster。譯者 John 是台北敏捷社群組織者，同時活躍於各類社群活動中，並且連接日本、韓國、越南及新加坡等國敏捷社群。在我認為這是他們倆個人在多年敏捷實務後，從純熟的經驗中所萃取出的精華，這本書由如此樣子資深的敏捷實踐者來服務中文翻譯，是書的緣份，更是讀者的福氣。

我相信你可以在這本書中找到那一道屬於你自己的日光。

Tomas Li 李境展

新加坡商鈦坦科技 總經理

出版《鯨游藍海 – 鈦坦科技的敏捷之旅》

團隊自省的微感受

[自省 vs 回顧]

一開始看到這本書時，標題上的團隊自省，就深深的打動我。大多的書籍或是文章，提到 Scrum 的 Sprint Retrospective，多數是翻譯成回顧會議，因此 Sam 和 John 翻譯成團隊自省，確實是很與眾不同。那時候就問了 John，為什麼你們翻譯成自省呢？ John 那時候說到，回顧會議的回顧，是大家一起檢討過去。因此，可能會指責他人。可是自省，那就是自己對自己的反思，重心是在自己身上。我當下有 AHA 的感覺。因為很多 retrospective 會失敗的原因，其中一個就是檢討別人，責備別的部門的人不處理。可是，須知道你能改變的，就只有你自己本身。基本上，你是不太可能去改變別人。最多是利用權限去命令別人，去限制別人。因此，這樣的轉念是很重要的。

[守、破、離]

在書中提到，守、破、離是來源於日本茶聖千利休的教誨，並且在《利休道歌》和歌集第一百零二首中提到「規矩需嚴守，雖有破有離，但不可忘本」。以前我自己認為守、破、離是要告訴我們，雖然剛開始是依樣畫葫蘆，但是隨著時間的演進，須依自己的環境來做調整。最終，只要遵守原先的精神，但是手法可以展現自己的風格。但是在一百零二首中提到的那句話，那我再度深度思考守的是規則，可破的是規則，可離的也是規則，但"本"是什麼？

此外，這三個階段，一個階段高過一個階段，沒有真的遵守和落實，是不合適跳級的。但是就是大家太聰明了，很容易就自以為是的跳級了。導致於很

少有人能真的進入離的階段。大多只是在某些狀況去破而已，很難走出自己的道，一個讓大家佩服的路。

[英雄所見略同的：KudoCards]

第一次看到 KudoCards 是在管理 3.0（Management3.0）中，它是由 JurgenAppelo 創建的。可是沒想到這本書也提到這個工具。根據英文字典的解釋，Kudo 的意思是某人因某些功績或社會地位而受到公眾的欽佩。它涉及正向心理學，基本上側重於尋找幸福和其他積極的感受，像是滿足感、樂觀、善良和幽默等等。這個面向正是我們想要在團隊中強調的精神：playervsvictim。如果你是一個 player，對於任何挑戰和事情，都會以正向來思考，找出可能的做法。如果真的不行，也不會怪罪於他人，而是自己勇於說出自己 "選擇 "不去做，而不是被迫的。

[武功秘籍目錄]

通常工具書會介紹很多工具，但是問題在這麼多工具，要如何組合來用。我想這應該是許多讀者想知道的。尤其是剛入門的小白，更是會痛苦不已。這本書的作者應該被問了很多遍這種問題，因此他整理了一個團隊自省速查表，快速簡介了各個團隊自省的手法，讓你在一頁中就可以總覽全局。在團隊自省速查表的下一頁中，他根據團隊自省的流程，說明哪個步驟可以使用哪些自省工具。並且列出一些組合技的範例，讓你可以省心的先套用，這真的是揪甘心啊。我想各位讀者千萬不要錯過這一部分。

期望這幾個小片段的介紹，應該會讓你這本書充滿好奇，記得去買一本來看喔。

柯仁傑

Odd-e 敏捷教練｜台灣敏捷社群創始人｜敏捷三叔公
FB：DavidKo Learning Journey

≡ 譯者問答

問一：為什麼要翻譯這本書？

JohnYu：2023 年初在東京的敏捷大會上遇到了翔泳社的晃子女士，應該是機緣相合，她向我推薦此書還有作者 森一樹先生，在一陣中日文參雜交談與比手畫腳後，就邀請我與台灣碁峰資訊蔡先生聯繫關於中文翻譯與出版事宜。當時在粗略翻過後，覺得應該是本有趣的書，並且也想試試挑戰自己的能耐。但為了讓此書翻譯更順利，便拉上了會日文而且是號稱台灣第二強的 ScrumMaster，推 Sam 大大來跳坑。感謝以上伸出援手的貴人們。

SamHuang：John 來找我一起翻譯，覺得翻譯這本日文書應該會蠻好玩的，就答應他了。

問二：在過程中有碰到什麼問題或困難嗎？

JohnYu：其實遇到最大的困難就是我們都是第一次做翻譯書，而且是日文的。無論是從內容、用語、翻譯順序、規格等都如瞎子摸象般，尤其是在內容背後的文化與涵義，都需要翻找大量文獻找到出處佐證，也要運用想像力推敲作者當時為何如此編寫。

SamHuang：因為我懂一點日文，並且實踐團隊自省也幾年了，算是熟悉的領域，再加上現代翻譯工具的協助以及神隊友 John，一開始覺得沒有大問題。實際開始翻譯之後，花的時間比想像的多。因為是兼職翻譯，時間的分配運用是很大的挑戰。感謝 John 在我工作較忙碌，以及和家人渡假的時候將翻譯進度持續推進。

問三：那有遇到什麼有趣或有價值的地方？

JohnYu：比方在翻譯漫畫對白的時候，因為日本人講話都會比較含蓄，這時就需要直白地將所謂的「空氣」翻成大白話，這讓我們在看漫畫時，嘴角都不自覺地笑了出來。正是國情不同的關係，在書中就多了很多我們平常沒碰過的主題，而這些資料在正式出版後，應該可以為在台灣的敏捷圈子注入一些新鮮的內容。

SamHuang：有漫畫範例吧，讓這本書變得輕鬆有趣，又可以從對話和圖示中看到情境與範例。

問四：最後有什麼想對讀者說的？

JohnYu：因為我是第一次作翻譯書，若是翻譯上無法盡如人意的話，還請大家多多包涵，但我想這書裡面的內容應該足以幫大家拓寬出新的視野，如果對大家有幫助的話，還請多幫忙宣傳，吃好到相報，謝謝。

SamHuang：一開始對翻譯日文這件事的新鮮感到了中段進度之後逐漸消退，翻譯的動力轉變為「希望對在台灣，對團隊自省有興趣的人有點貢獻」，因為自己很幸運在新加坡商鈦坦科技擔任過全職的 ScrumMaster，在一個支持團隊自省的環境中成長，書中的手法大部分都嘗試過，也略懂日文，希望藉此盡綿薄之力，協助更多台灣讀者透過本書實踐團隊自省。

JohnYu 余中平
台北敏捷組織者 | 必然打穿公司負責人
baluce@gmail.com

SamHuang 黃世銘
新加坡商鈦坦科技組織發展實踐者
886samhuang@gmail.com

這是本什麼樣的書呢？

團隊自省是一種活動，整個團隊會定期停下手邊工作，一起尋找團隊可以做得更好的方法，並逐漸改變團隊的行為。

使團隊能

> 積極溝通、團隊現況透明度提高
> 儘速地一起面對問題並往解決方向前進
> 主動學習處理問題的必備知識
> 獨立思考與行動

本書適合那些**即將開始團隊自省的人和那些對團隊自省有顧慮的人**。可以從本書習得：

- 團隊自省的原因和目的
- 從導入到落實之路
- 具體手法
- 常見問題解答

如果你透過本書實踐團隊自省，你將能夠一步一步地打造出具有上述特徵的「敏捷團隊」。

我們處在瞬息萬變的市場環境中。在這種環境下，「敏捷團隊」可以創造巨大的價值。透過團隊自省的累積建立優秀的團隊，對組織也能產生巨大的價值。

作為團隊自省的探索指南

當團隊開始團隊自省時，將會面臨以下問題。

> 不知道如何進行團隊自省
> 成員缺乏熱情，感受不到團隊自省的價值
> 重複相同的技巧和形式而變得乏味，致無法持續下去

團隊自省只有在團隊作出持續實踐的時候才最能發揮效果。然而，由於上述這些問題，從導入到落實的過程中將充滿了挑戰和困難。

很多網站和書籍都介紹了團隊自省的方法，但僅僅將這些方法應用到職場中並不能解決「如何導入」和「如何落實」的問題。從導入到落實的實際場景中，大家會說「團隊自省是重要的」，但對於初次接觸團隊自省的人們來說，尚未透過親身經歷去體驗這個重要性，這條道路只能由我們自己去探索。

在這條探索的道路上，**每個人都必須考慮團隊自省的意義**。對於不了解或不熟悉團隊自省的人來說，很難直觀地理解團隊自省的意義和價值。由於團隊在不斷變化，如果團隊自省的意義與現在的團隊不匹配，很快就會流於形式，成為陳規陋習。團隊需要不斷地反問自己，「我們需要什麼樣的團隊自省？」。

另外，在這探索的道路上，**實驗**也是必經的過程。在一開始嘗試的時候，可能會進行得不順利，結果也不會出現。如果你認為，「我做得不好，而且沒有效果」，而停下來的話，團隊自省就會停止在沒有效果的階段。透過耐心地重複小實驗，必將會開始一點一點地感受到效果出現。

這本書就是探索這條道路的指南。透過本書，將有機會能夠思考團隊自省的意義，也可能得到一些可以嘗試的新想法。

而這本書也是瞭解團隊自省這片廣闊領域的一條線索。即使是現在，許多地方仍持續地產生並實踐新的團隊自省方式。請以本書為敲門磚，你將能夠親手接觸到世界上的各種知識，拓展對團隊自省這個世界的視野。

團隊自省是一項既有趣又深入的活動，絕不是困難痛苦的活動。它將能為團隊注入活力，引領其成為「敏捷團隊」。

來吧，就從這裡開始拓展這個「團隊自省的世界」吧！

Part 1 基礎篇

Chapter 01
什麼是團隊自省？ 1

Chapter 02
讓我們來看看團隊自省 17

Part 2 實踐篇

Chapter 03
在進行團隊自省之前　　　　　　　　43

CONTENTS

Part 3 手法篇

CONTENTS

Chapter 09
團隊自省的要素和問題 245

Chapter 10
團隊自省的手法組合技 259

Part 4 TIPS篇

CONTENTS

如何閱讀本書

本書涵蓋了團隊自省的基礎知識、還有在工作場域中發揮作用的心態，以及20 種可以擴展的團隊自省手法。這些內容將以 4 個部分的形式進行整理和解釋。

Part 1 基礎篇　　著重於理解團隊自省的目的和進行方式等整體概念

Part 2 實踐篇　　介紹實際例子，從導入團隊自省的過程中獲得詳細的實踐方法

Part 3 手法篇　　了解團隊自省的手法及其應用方式

Part 4 TIPS 篇　　解答關於團隊自省常見問題的疑慮

Part 1 基礎篇，簡要解釋「什麼是團隊自省？」以及團隊自省的願景是什麼，目的是什麼？此外，本書將介紹一個實際團隊自省的範例，以便讀者了解如何進行。

Part 2 實踐篇，將透過以虛構的開發現場當作例子，從中了解如何在實際場景中導入和落實團隊自省。本書以漫畫的形式介紹了在團隊自省導入和落實過程中常見的疑問，並解釋了該如何應對這些問題。

Part 3 手法篇，除了介紹 20 種團隊自省手法外，還解釋了手法和組合技的關鍵要素。本書也提供易於檢索的方式介紹了各種手法的目的和操作方式。這將使讀者在工作現場進行團隊自省時能夠像使用字典一樣靈活運用這些手法。

Part 4 TIPS 篇，本書介紹了基礎篇、實用篇和手法篇中未提及的常見問題和詳細 TIPS。當讀者在進行團隊自省時遇到困難時，可以參考這些內容。

如果你正準備開始進行團隊自省，或者對團隊自省有疑問，建議先從 **Part 1 基礎篇**開始閱讀，這將有助於更深入理解團隊自省的概念。

如果你已經在實踐團隊自省，並且希望獲得更廣泛的知識，可以先從 **Part 3 手法篇**或 **Part 4 TIPS 篇**開始閱讀，尋找能在團隊中適用的手法。然而，**Part 1 基礎篇**和 **Part 2 實踐篇**中包含了對於熟悉團隊自省的人有用的思考方式和心態。如果在開發現場遇到困惑，可以回頭再看看這些內容，並與團隊成員一起面對問題，這將會很有幫助。

本書的適用範圍

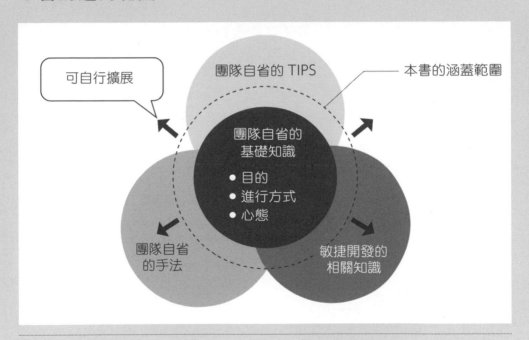

團隊自省的適用範圍

本書將教導有關團隊自省的基礎知識，這些知識對於在團隊中引入並確立團隊自省實踐是必要的。此外，還可以獲得如何處理與團隊自省相關問題的方法，以及獲得在組織中推廣團隊自省理念思維的技巧。這些知識應該能夠幫助團隊邁出成為「敏捷團隊」的第一步。

此外，還能學習和團隊自省基礎知識相關的「團隊自省手法」、「團隊自省的TIPS」和「敏捷開發的相關知識」。將這些內容作為起點，就能接觸到眾多的手法和 TIPS，並進一步擴展在團隊自省領域的視野。

透過本書，你將準備好踏上探索團隊自省的旅程。在實踐團隊自省的過程中，回頭重讀本書可以進一步深化對團隊自省的理解。你也可以將其他領域的知識和技能應用於團隊自省中，反之，亦能將團隊自省的知識和技能應用於其他領域。

團隊自省速查表

團隊自省速查表 PDF 可以從下方網址下載。

http://books.gotop.com.tw/download/ACL068400

還有一件事兒

團隊自省是讓團隊和組織能往好的方向逐漸轉變的契機。然而，在團隊自省尚未發揮實際影響之前，一些夥伴可能無法意識到團隊自省的效果，而使得這項活動中斷，無法改變現狀且持續陷在困境中的夥伴也相當多。本書列舉了許多如何應對這些實際問題的方法，以及初次接觸即可加速團隊變革的思維。我們相信，如果你拿起本書，帶著這本書和那個想導入團隊自省的強烈意願，一定能夠邁出建立團隊自省的第一步。

當應用本書的內容時，請依據自己的角色和場域特性，選擇的手法可能會有所不同。請不要盲目地照搬書中的內容，而是依據自己在現場的觀察後對團隊自省微調整、自定義和真落實。

讓我們一起學習團隊自省，歡迎你踏上探求團隊自省的旅程！

Chapter 01

什麼是團隊自省?

什麼是團隊自省?

敏捷團隊

團隊自省的目的與階段

團隊自省的必備事項

什麼是團隊自省？

團隊自省是一種活動，需要整個團隊停下手邊工作，討論找到更好的做事方式並逐漸改變團隊行為（圖 1.1）。整個團隊於每次、每週或每隔一週在同一時間聚會，一起討論是否有更好的團隊工作方式，並考慮那些改善 [※1] 團隊工作方式的行動。

圖 1.1 團隊自省的整體概念

請按照以下 7 個步驟進行團隊自省。

※1 　源自豐田生產系統的團隊和流程的持續改進活動。在本書中，改善（Kaizen）被定義為不斷改進的活動，不僅包括不好的部分，還包括好的部分。

步驟① 團隊自省的事前準備

步驟② 團隊自省的場域

步驟③ 回想事件

步驟④ 交流想法

步驟⑤ 決定行動

步驟⑥ 改善團隊自省

步驟⑦ 展開行動

團隊自省過程中會使用一些工具，像是白板、模造紙[※]（全開）、便利貼、簽字筆、圓點貼紙等等。一起簡單地看一下團隊自省的流程吧（在這裡只作一個簡要的概述。詳細說明將在第 4 章「如何進行團隊自省」中介紹）。

※ 譯註：全開模造紙可以在文具店、美術社、生活百貨等處找到。建議購買較厚的白報紙或壁報紙，當以簽字筆書寫時，墨水才不會透過紙張而弄髒牆面。

① 團隊自省的事前準備

在開始團隊自省之前請先做好準備。考慮這次團隊自省的目的和參加成員，找好地點，準備好工具，團隊自省就可以準備開始了。

② 團隊自省的場域

召集整個團隊並開始團隊自省。

先透過破冰活動來創造一個對話環境，讓團隊中的每個人都能專注於團隊自省。接著，確定這次團隊自省的主題，主題可能是「我想分享團隊遇到的問題」和「我想改進從開發到發布的過程」。

然後大家根據主題決定團隊自省如何進行，在有限的時間內要進行什麼樣的討論。

③ 回想事件

請回想在這段團隊自省的特定期間（1 週或 2 週）中的各種事件和情緒，像是「發生了什麼」、「你做了什麼」和「你感覺如何？」並與團隊的其他人分享。例如，將你記住的內容寫在便利貼上，之後將便利貼黏貼到白板上的同時與他人分享內容（圖 1.2）。

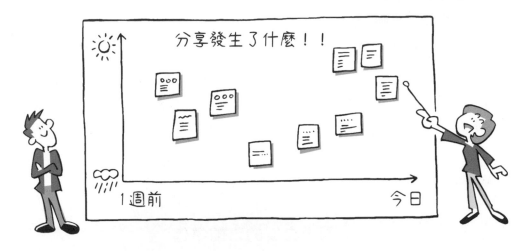

圖 1.2　將記住的內容寫在便利貼上並黏貼到白板上

④ 交流想法

在已分享的事件內容基礎上，擬出主題讓大家方便交換彼此想法。可能的主題像是「有沒有更好的做事方式？」和「我們如何改變團隊的行為？」之類的。

接著，在主題的範圍內一起提出想法，例如：「我們剛開始用一個新的遠端工作工具，但大家用法各不相同，怎麼共同使用比較好？」和「團隊之間的資訊共享不順暢，導致重工，我們接下來可以怎麼做？」。請大家將這些想法先寫在便利貼上，再黏貼到白板上後進行共享。

⑤ 決定行動

從這些想法中，決定出那些團隊要採取的行動並將其具體化，再寫到便利貼或白板上，並確定何時、何地、做什麼。

⑥ 改善團隊自省

在團隊自省結束時，大家再互相交換意見，使團隊自省的流程變得更好。例如，如何更有效利用時間，討論在團隊自省中交換意見的方法、下次想討論的話題、下次想使用的手法等等。並在下一次團隊自省中靈活運用這些想法。

這樣大致上就完成了這次團隊自省。

⑦ 展開行動

在下一次團隊自省之前，執行那些在團隊自省中決定出的具體行動。如果團隊採取了這些行動，最晚在下次團隊自省時要確認行動所帶來的變化和結果。如果沒有效果，請找出原因並調整它。

這一系列的步驟會不斷重複進行，而行動將為團隊帶來變革，透過不斷改善團隊自省本身，團隊變化的速度也會加快。透過持續實踐團隊自省，團隊將會往成為一個「敏捷團隊」更邁進一步。那麼，所謂的「敏捷團隊」是什麼呢？請看下一頁的說明。

敏捷團隊

書中的**敏捷（Agile）指的是敏捷軟體開發（後文與「敏捷開發」互用）的價值觀**，以及基於敏捷價值觀所制定的框架與做法。

敏捷開發是由 Kent Beck 等人於 2001 年所提出的**敏捷軟體開發宣言**倡議。從那時到現在，商業環境變化速度與日俱增，敏捷開發的重要性不斷地被提起，許多企業也開始將目光由傳統瀑布式轉向到敏捷開發。

這裡先簡單介紹敏捷軟體開發宣言。首先，請先閱讀下方的敏捷軟體開發宣言[2]（圖 1.3）。

圖 1.3　敏捷軟體開發宣言

※2　https://agilemanifesto.org/iso/zhcht/manifesto.html

團隊首先要注意的部分是**「個人與互動」**、**「與客戶的合作」**和**「回應變化」**。因為溝通對於一個團隊來說是必須的，溝通能促進相互理解，加強團隊內外的聯繫。一個溝通順暢的團隊可以快速收集和共享團隊所需的資訊並促進合作。因此即使發生變化，每個人都可以靈活應對。

接著，是**「可用的軟體」**[※3]的部分。團隊應盡早交付能讓客戶使用的產品來反覆驗證假設。為了持續發布產品以創造客戶所需的價值，就必須從驗證產品假設的過程中學習經驗，並對團隊創造價值的過程作出持續改善。

在本書中，**「能夠透過持續學習和不斷改善來靈活應對變化，並持續創造價值的團隊」**稱為敏捷團隊，並將其定義為團隊所追求的終極狀態。

即使讀者是在做與敏捷開發無關的工作，也可以嘗試透過以上的價值觀和思考方式來實踐敏捷。而「團隊自省」是將一群人轉變為敏捷團隊的第一步。

※3　如果你從事的並不是軟體開發工作，請想像那些在平常工作中遇到的產品或服務，在閱讀時將書中「可用的軟體」替換為那些可以實際使用或想像客戶可以使用的產品或服務，也是可行的。

團隊自省的目的與階段

本書介紹「團隊自省」的目的是讓團隊更接近成為「敏捷團隊」。透過不斷地定期進行團隊自省，團隊將形成以下的特質。

- 積極溝通、團隊現況透明度提高
- 團隊能迅速地一起面對問題並往解決方向前進
- 團隊主動學習處理問題的必備知識
- 團隊能獨立思考與行動

然而，毫無目標地進行團隊自省來獲得這些特質將需要很長時間。而有意識且有效的團隊自省才能加快團隊變革的步伐。

團隊自省共分成三個階段，目的在使團隊更強大。在了解團隊的狀況和狀態後，請循著這三個階段實踐團隊自省。

① **停下手邊工作**
② **加速團隊成長**
③ **改善流程**

這些既是「團隊自省的目的」，也是「團隊自省在各階段該做什麼」（圖1.4）。接下來將逐一解釋這些目的和階段。

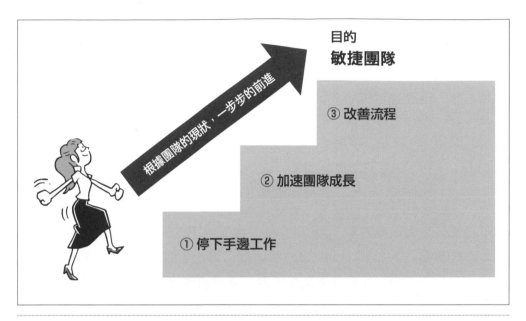

目的
敏捷團隊

根據團隊的現狀，一步步的前進

③ 改善流程

② 加速團隊成長

① 停下手邊工作

圖 1.4　團隊自省的 3 個目的和 3 個階段

停下手邊工作

團隊自省的第一階段是「停下手邊工作」。藉由停下手邊工作，可以為團隊創造變革的契機。

在工作進行中，團隊會遇到各種問題和障礙。當問題發生時，如果繼續處於問題的漩渦中試圖解決，人們往往容易變得草率對應，尤其是在心理和時間上感到壓力時。而匆忙行事的結果可能會導致問題進一步擴大的負面影響。

而且，如果在沒有空閒的情況下繼續工作，每個團隊成員的視野會逐漸變得狹窄。無法關注周圍的事情，只專注於自己。這樣一來，團隊內的溝通變得薄弱，並引發新的問題。本應該透過與團隊成員對話就能立即解決的問題，卻因無法看清全局而一個人承擔時，那接著就會是漫長而艱難的時間了。

為了打破這樣的循環，需要先暫停一下。停下手邊的工作，深呼吸，冷靜地思考「我們現在應該做什麼」。這個停下來的時間就是團隊自省的時刻。

當團隊面臨問題時，很難在這種情況下停下來思考。因此，需要定期在團隊的工作流程中加入停下來思考的時間，並使其成為一種習慣；即使團隊沒有意識到有問題，也需要強制性地設置停下來可以思考的時間。整個團隊應該定期在每一～二週的同一天、同一時間聚在一起討論。一旦團隊自省成為團隊的流程，就可以接續到下一階段了。

加速團隊成長

為了使團隊發揮出高效率，「溝通」和「協作」是必不可少的。能持續表現出高效率的團隊，在日常工作中會自然地進行溝通（對話、討論和資訊分享）和協作（協調合作）。不僅僅是在早會、團隊自省會議或是活動中才進行溝通和協作，而是每小時、每分、每秒，在任何需要的時候進行高頻度的溝通和協作。若推動團隊達到這種狀態，加速了團隊的成長，這就是團隊自省的第二階段，也是第二目的。在這個階段，若能有效利用團隊自省的時間，讓團隊相互了解並找到更好的溝通和協作方法。

例如，

- 團隊該怎麼做才能立即共同承擔團隊的煩惱和問題？

- 團隊應該傳達什麼樣的內容來消除需求認知上的差異？

- 團隊可以做些什麼來彌補技能的不足？

考慮諸如此類的事情。另外，如果團隊成員之間還不熟悉，可以討論共同的價值觀。互相表達感謝，分享工作上的焦慮也會有增加互相信任的效果。

在團隊自省的過程中，加入能提升團隊成員之間的信任的活動，這將增進日常工作的溝通與協作，而問題和擔憂也更容易被提出討論，並且會迅速解決，像這樣的狀態將會逐漸形成。藉著將團隊自省的時間有意義地用於「加

速團隊成長」，將使團隊更加前進。這樣，原本零散的團隊將能夠「作為團隊」不斷成長，成為一個真正凝聚力強的敏捷團隊。

改善流程

「流程」指的是團隊創造價值的一系列活動，包括團隊的運作方式和開發進行方式等。而「改善」指的是除了解決問題和不順利的部分外，還能加強已經運作順利的部分的一種活動。

「改善流程」放在「加速團隊成長」之後進行，是有原因的。如果在團隊信任關係尚未完全建立的情況下試圖改變流程，往往會導致在問題發生時追究個人責任，並讓造成問題的人可能產生身心負擔。這種狀況不僅會加劇團隊的分裂，還會導致受到責難的人開始隱藏問題。當團隊的信任關係增加時，就更容易在處理問題的過程中將團隊的思維模式轉變為「作為一個團隊的行動」。那麼團隊就會產生出成員間互相支援的行為，以及全體成員共同向前邁進的意識。這樣，團隊就能思考為了團隊的利益，採取能夠提升團隊表現的行動。

當團隊要改變其流程時，應著重於「團隊如何創造價值」和「工作進行的方式」，並基於共同提出的想法來討論需要改變的部分。

在這個情況下，改變流程的原則是「小步、逐漸」。因為無人能預測改變後是否能產生有效的影響。而且有效的行動，因團隊的特性、狀況和狀態而異。若大幅度的改變失敗後，對團隊的影響可能很大，並且很難回復，而小幅變更卻可以迅速復原。因此，「小步、逐漸」的原則非常重要。

團隊自省的必備事項

為了更容易認識團隊自省，接下來將介紹進行團隊自省所需的事項，以及這些事項與團隊自省之間的關係。

進行團隊自省活動時，有幾項事前的確認和準備工作是必要的。如果準備充分，就能夠在團隊自省中獲得更好的效果。這些準備並不需要太多的時間和精力，請確認以下七項必要的事項，做好準備後就可以開始進行團隊自省。

- 團隊
- 確定目的
- 時程安排
- 時間
- 地點
- 道具
- 引導（Facilitation）

團隊

團隊自省需要所有團隊成員的參與，即使無法讓每個人都參與其中，也要盡量安排可以讓更多成員參加。

此外，如有需要，可以邀請團隊外相關的成員參與，聆聽他們的意見作為參考也不錯。團隊自省的參與人數最好不要超過 10 人左右。如果人數太多，可能會無法充分發表意見，也有可能讓意見太發散，讓溝通與聚焦變得困難。尤其在線上討論的情境下，超過 6 人會讓對話與引導難度提高。無論

線上或線下，當參與者人數較多的時候，需要將團隊分組討論，共享小組結果，這還需要在過程中的引導下點功夫※4。

確定目的

在團隊自省前就要確定「為了什麼目的進行團隊自省」，如果團隊中的每個人都能在相同目的下進行充分的討論，將能更有效地增強團隊自省的效果。

時程安排

請提前排定團隊自省的時程安排。如果事前達成共識，每次都在相同的時間、地點和成員一起進行團隊自省，則無需每次進行日程調整。此外，這樣也能創造一種節奏，例如每週都在這個時間進行團隊自省，團隊就能定期且有意識地停下來，這個行動就能作為持續改善和及早發現問題的機制。

時間

如果團隊準備導入團隊自省，建議選擇較少人數，並安排較長的活動時間。

基本上，人數越多，團隊自省需要的時間就越長。因為人數越多，相對需要多點時間分享意見並決定行動。此外，隨著團隊自省的特定期間越長，回憶這期間發生的事件所需要的時間也越長，致使團隊自省所需的時間就會增加，而對於引導者來說也變得更加挑戰。

如果團隊自省的時間不夠，就無法完整分享事件的脈絡，討論不夠深入，產出的行動就不夠具體，改善也將難以實施。

※4　如果人數眾多時的應對方法，在第 11 章「關於團隊自省的各種困擾」的「舉辦團隊自省的困擾」 p.273 有詳細的解說。

為了有效進行團隊自省，所需的時間會因團隊自省的特定期間長度和參與人數而有所不同。

請參考表 1.1 以獲得更詳細的資訊。

此外，如果對團隊自省不熟悉，可能需要表中所示的 1.2 至 1.5 倍的時間。建議一開始設定較長的時間，隨著熟練度增加，逐漸縮短團隊自省時間。

特定期間	人數	時間	特定期間	人數	時間
一週	3～4人	45～60分	兩週	3～4人	45～60分
	5～9人	60～90分		5～9人	90～120分
	10～15人	90～120分		10～15人	120～150分

表 1.1　團隊自省所需時間（※ 基於作者的經驗，僅供參考）

場地

為了進行團隊自省，請準備一個適當的場地。例如會議室或多功能空間，需要有牆壁或白板可以透過貼便利貼，還有讓每個人都能輕鬆走動的地方即可。若在線上環境進行團隊自省，請使用可以進行語音對話的工具 [5]。

道具

在團隊自省中，可以利用各種容易在辦公室中取得的道具。一開始只需要備有便利貼、簽字筆、白板筆和白板，就可以開始進行團隊自省了。建議製作一個專門的團隊自省工具箱，方便整理和攜帶（見圖 1.5）。

如果在線上環境中進行團隊自省，請事先準備線上白板或其他可共同編輯的工具 [5]。

---

[5]　關於進行線上團隊自省的工具，在第 5 章「在線上進行團隊自省」 p.123 有詳細的解說。

圖 1.5　準備一個可以隨身攜帶的工具箱會很方便

引導

為了順利進行團隊自省，需要引導。

這裡的引導並不是一般所想像的「主持會議」，而是指**引出團隊成員的意見和想法，擴展思維，整合意見，收斂想法的引導**。讓每位參與者都具有引導的意識，並帶著互相尊重的態度進行團隊自省。透過這樣的方式，團隊自省將變得更加有效和有趣 [6]。

---

[6]　引導在第 7 章「團隊自省的引導」 p.143 有詳細的解說。

精益專欄

為何要叫做「團隊自省」

在本書中，刻意將 Retrospective 翻譯成「團隊自省」。不過，因為有許多網路文章與書籍是翻譯成「回顧」或「反思」，所以有些人較習慣於這兩個詞。

而有些人從「回顧」這個詞中會聯想到「轉身向後看」的動作。此外，「回顧／反思」也常被認知為類似「反省會」的活動，在許多場合已經成為了一種固定的形式。因此，為了消除這種固定印象，也出於希望給人們**一種從改善自己的行動為出發點，而不是藉此活動指責要求他人的印象**，本書刻意使用了「團隊自省」。

根據不同的行業、職種和工作現場，「團隊自省」有著各種不同的稱呼。在日本除了片假名和英文的表達方式外，還有一些專業而複雜的名詞，這可能讓人們認為它是一項困難的活動。然而，本書希望讓大家知道，「團隊自省」是**團隊裡每個人都能參與的活動**，因此本書在內文中選用「團隊自省」這個詞來表示。

Chapter **02**

讓我們來看看
團隊自省

團隊自省的流程

    ① 進行團隊自省的事前準備

    ② 創建團隊自省的場域

    ③ 回想事件

    ④ 交流想法

    ⑤ 決定行動

    ⑥ 改善團隊自省

    ⑦ 展開行動

團隊自省的重點

團隊自省的流程

那麼，接著將詳細說明實際進行團隊自省的具體步驟。團隊自省將按照以下七個步驟進行。

步驟① 進行團隊自省的事前準備

步驟② 創建團隊自省的場域

步驟③ 回想事件

步驟④ 交流想法

步驟⑤ 決定行動

步驟⑥ 改善團隊自省

步驟⑦ 展開行動

為了理解團隊自省的具體進行方式，接下來將以漫畫的形式描述實際的情況，更能理解團隊自省的進行方式。在本章中，將觀察到一個團隊在導入團隊自省後三個月的情況。

▌團隊成員介紹

莉卡
擅於照顧他人，經常觀察團隊狀況。

繪里
這次團隊自省的引導者。

小皮
擅於直率表達。

李大
此團隊的領導者，為人可靠且穩重。

光姐
無論何時都樂觀積極，一位開朗的女子。

① 進行團隊自省的事前準備

在開始團隊自省之前，先準備好道具和場地。

在開始團隊自省之前，做好充分準備

為了有效進行團隊自省，需要準備好各式道具和場地的安排，事前只要準備充分，可以最大限度且有效地運用這段團隊自省的時間。

抵達預約好的場地後，需要移動、調整現有的白板和桌椅，以創造出適合進行團隊自省的空間。如果白板是嵌在牆上的，那麼需要清空白板前方的空間，以便於人員在白板前走動、書寫、討論。接著，在白板上寫下本次團隊自省預計的進行方式，並讓所有人都能看到。同時，將準備好的道具如便利貼和簽字筆等等，分發給在場的每個人。

接著，請提前決定一位引導者，這對團隊自省能順利進行會很有幫助。

隨著團隊的情況和狀態不同，團隊自省的目的也會有所變化。首先，讓所有人一起決定團隊自省的主題和結構。若能事先考慮並提供這些主題和結構，將能更順利地進行團隊自省。

大家一起做好準備吧

讓團隊全員一起來準備團隊自省吧！在漫畫中，在團隊自省開始的幾分鐘前，所有人可以一起移動到會議室並且攜手完成會議室的佈置。如果大家能夠互相配合做好準備工作，團隊自省就能順利地準時開始。

開始前就決定一位引導者人選

這次引導者就決定是繪里了。在道具與場地的配置完成之前，提前確定好團隊自省的方式和引導者，可以讓團隊自省在一開始的階段更加順利。

② 創建團隊自省的場域

那麼開始進行團隊自省吧。和大家一起創建一個「團隊自省場域」，這樣能更容易專注在團隊自省的活動上。

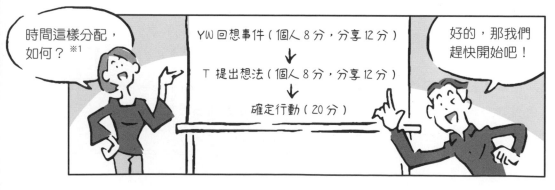

專注於團隊自省的心態調整

需要所有人暫停手上的工作,並共同參與團隊自省。因為工作上的事情可能會分散注意力,致使團隊自省的過程中有時會分心。

為了讓每個人都能專注於團隊自省,首先讓大家一起提出想法,確定主題,培養「團隊共同創造團隊自省」的意識。如果有人事先已經有一些主題,可以帶來一起討論,由團隊一起討論後並決定主題。由大家一起列舉目前團隊的關注事項、學習、發現、問題等,並進而確定主題。例如:

- 想要重新審視開發的進行方式。

- 想要思考如何提高開發品質。

- 想要提高會議效率。

等類似主題。

全員共同決定團隊自省的進行方式

接著,將具體化團隊自省的進行方式與時間分配,並設定目標。進行方法會根據團隊自省的主題而有不同。而時間分配成兩部分,一是個人單獨回想及提出想法的時間,二是全員共同討論的時間。時間分配完成後設定本次目標就開始進行團隊自省吧!

※1　這裡使用 YWT 手法。Y(做了什麼)、W(學到了什麼)、T(下一步將要做什麼)這三個問題來進行團隊自省。在第 8 章「了解如何進行團隊自省」的「12 YWT」 p.204 有詳細的解說。

③ 回想事件

對這次團隊自省的特定期間，每個人自己回想進行了哪些活動，發生了什麼事情，然後與其他人共享這些個人的事件，最後，所有人再一起把所有的事件作討論、收斂、分析。

這些先按照時間順序重排，等等逐張檢視時，再深入挖掘看看順利進展的部分和未如預期部分的可能原因。

啊，對了，這件事，感謝你的幫忙。真是太感謝了，幫了我大忙。

沒事，我也從中學到了很多，而且也避免了疏忽大意的狀況出現。

也就是說...

- 結對一起建立測試案例
- 減少出現可能的失誤事件

就像是這樣

還有這個，我也想要分享一下。因為我在聊天室中也有提過，但被忽略了。

預約功能出現了意外的錯誤。被放置了一天，覺得很傷心。

一起回想並分享團隊的活動

在團隊自省過程中,讓參與成員試著回想在特定期間(例如一週或兩週)內發生的事情,包括

- 發生了什麼事情

- 做了哪些事情

- 感受如何

基本上是收集「歷程記錄」、「事實」和「感受」這三個方面的資訊加以分析。歷程記錄和事實不僅有助於團隊中每個成員了解彼此在做什麼,而且其他成員寫的便利貼也能喚起自己遺忘的事情,透過揭示事物之間的因果關係將有助於找到改進的重點。

同時,透過表達感受,可以更容易地喚起與強烈情感相關的記憶,這將有助於激發團隊在行動方面的動力。

規劃獨自回想和全員相互分享的時間

在回想的過程中,需要適當分配給個人單獨回想和團隊共享的時間。當團隊共享時,可以將對話中提到的訊息與資料視覺化於白板上,並深入挖掘成功與失敗的原因。如果有任何與改善有關的想法,最好在筆記中標記和記錄。

④ 交流想法

團隊所有人將共同提出改善的想法。全員一起討論如何能使團隊更進一步
成長。

交流彼此想法並決定行動候選方案

每個人都會提出例如「團隊下一步應該做什麼」和「團隊想要做什麼」之類的想法，這些想法的重點為「團隊」。接著與「回想事件」的引導流程一樣，將時間分成個人單獨回想和團隊共享的時間。

在產生想法時，利用發散和收斂的做法來聚焦行動。一開始自由表達意見，接著從這些意見中深入挖掘對團隊重要的想法，並選擇一些作為「行動候選方案」。請注意，這裡的「行動候選方案」僅是候選，而不是一個決定。下一步，才會把它轉化為具體行動。

全員一起將想法視覺化

在想法討論過程中經常會出現新的想法，把這些新的想法寫在便利貼或白板上，將其視覺化。

此外還能以多種方式加強表達討論內容，比方在其上添加新的資訊，還可以使用線條將想法連接起來，以表達它們之間的關聯；移動相關的便利貼作為分群；使用圓圈或符號加上強調重點。

而視覺化的結果在最終確定行動或具體化時非常有用。

⑤ 決定行動

制定可立即進行改善、可行的行動計劃，請團隊全體在討論中共同具體化這些行動。

一起將想法具體化，制定可行的行動方案

決定團隊要採取的（改善方法）並使其具體化。在具體化時會採用「是否可以立即執行」、「結果是否可以衡量」等觀點。不要妄想以為用一個行動解決所有問題，而是創建可以帶來改變和可行的行動，即使只有一小步。

立即試行行動方案

如果有剩餘的時間，那就立刻實際執行所制定的行動方案。即使只有實現行動方案的一部分，也可以在腦海中想像實際執行時的情景。在這個團隊自省的場合中，請試著想像實行方案後的變化，並對行動方案調整修正，再進一步具體化。如此一來，實現行動方案就會變得更容易。

最後紀錄行動方案

將團隊所制定的行動方案用大字體寫在便利貼或索引卡上。最後大家一起確認這些寫下的行動，就能讓整個團隊都意識到執行這些行動的重要性。如果團隊有使用任務看板，可以將這些便利貼貼在任務看板上，以便隨時確認執行狀態。

⑥ 改善團隊自省

「行動方案制訂完成」,並不代表就到此結束,團隊自省本身也需要改善。
在團隊自省的最後,還需要進行「團隊自省的自省」。

※2　「Fun(有趣的事情)」「Done(完成的事情)」「Learn(學到的事情)」是一種透過三類
　　提問引導出大家想法的手法。在第 8 章「了解如何進行團隊自省」的「08 Fun ／ Done ／
　　Learn」 p.185 有詳細的解說。

※3 「＋（做得好的）」「△（需要改善的）」是一種透過兩類提問引導出大家想法的手法。在第 8 章「了解如何進行團隊自省」的「20 ＋／△」 p.241 有詳細的解說。

對「團隊自省」的自省，不斷改善「團隊自省」吧

在團隊自省會議結束前，預留一點時間進行**團隊自省的自省**。即使只有最後 5 分鐘，也可以討論這次團隊自省中做得好的地方和需要改善的地方。

一旦進行「團隊自省的自省」後，請確保下次會應用到這些內容。為了實現這一點，團隊應保留並記錄討論的內容，在下次團隊自省之前確認，或者將其轉化為具體的行動並立即執行。

將團隊自省的結果善加保存和記錄

在團隊自省的結果中，「行動」和「團隊自省本身的改善行動」一定要拍照保存或寫在便利貼上，以便隨時調用。同時，也請拍照保存用於討論的白板等，日後團隊自省時可以確認團隊的變化和成長。

如果是在線上進行團隊自省，記得保存每次的結果與資訊，作為下次團隊自省時的參考依據使用。在不需要花太多功夫的情況下，請盡量保留團隊自省的結果，並將其延續到未來的團隊自省中。

⑦ 展開行動

行動只有在執行後才能產生價值。那麼就來看看團隊是如何執行這些行動方案的吧。

立即採取行動，並持續改善

在團隊自省結束後，儘快執行所擬定的行動方案。如果需要觸發機制才能啟動，可以在 Daily Scrum 上與團隊分享，將其放在任務看板上用大型便利貼標示，或在線上聊天室中使用機器人定時提醒，如此建立能夠觸發行動的機制。

在行動執行結束後，可以在執行結束的當下或是在團隊自省會議時，團隊要一起確認其結果是否有變化，並與全員分享行動結果以及對團隊所帶來的變化。

不管出現了好還是壞的變化，或者是沒有發生任何變化的情況下，團隊可以討論以下內容：

- 發生了哪些變化？

- 為什麼會發生或者沒發生這些變化？

- 是否實現了預期的變化？

- 下一步該採取哪些行動比較好？

接著，在之前執行的行動結果的基礎上，對行動本身進行改善，或者做出恢復原狀的判斷。透過這樣的方式，可以逐步在團隊中引發變化。

團隊自省的持續改善

到目前為止所介紹的步驟①～⑦，就是團隊自省的流程。透過每次重複這些步驟，同時持續改善團隊自省本身，團隊將會朝著成為更好的團隊的目標邁進。

而透過不斷積累小行動和持續改善團隊自省，團隊將能逐漸加大變革的步伐。

團隊自省的要點

在基礎篇的最後，一起來關注團隊自省中需要牢記的一些要點。

首先是正向思考

若是自己或團隊的期待越高，就越容易找到「做不好的部分」（負面）。然而，一旦陷入尋找缺點的模式，尋找優點就變得困難了。在團隊自省中，嘗試首先關注做得好的方面。這樣做可以讓團隊的優點逐漸顯現出來，並且更容易提出積極的想法，例如「我們要如何改善？」。

強化團隊的優點

一旦發現團隊的優點，就應該想想如何進一步強化這些優點。

請思考如何進一步強化團隊成員或整個團隊在追求卓越的動力。當團隊成員感受到「成功」或「達成目標」的充實感（自我實現），這將激勵團隊追求更大的變革和挑戰。

一點一點地改變

一次引入太多的變革會使「什麼是成功的」、「什麼是失敗的」變得不明確。此外，當行動需要根據行為做出改變時，變化越大心理上的阻礙就越強。

請嘗試小步、逐漸地進行改變，讓自己習慣於變化的方式。透過擁抱變化，團隊就能夠自發地、自信地產生更大的變革。

不畏懼失敗

團隊自省的行動並不是「一定要成功」的。那些以「追求成功」為優先考慮而訂立的行動往往會變得保守。於是在採用像「在現有的檢查清單中新增一條」這樣「幾乎不會改變行動的行為」的保守型團隊，最終將遇到成長的障礙。但如果害怕失敗，將無法跨越障礙。

在團隊自省時，需善於接納失敗。雖然不知道結果會如何，但也應該要勇於嘗試、挑戰新的事物。團隊自省的進行方式也是一樣的。透過團隊自省嘗試新的事物，即使失敗了，也不會對團隊造成太大的損失。相反地，團隊還能獲得成長的機會。

即使遭遇了失敗，也很少有情況是「一切都不順利，沒有任何可取點」的超失敗。團隊應該都能從結果中，挑出順利的部分並加以擴展。即使萬一什麼都不順利，回到原點也沒關係。即使在那種情況下，這樣的失敗依然能帶來許多學習。

解決問題核心

如果想解決問題，就嘗試解決問題的核心。為此，有必要深入研究造成不順利的問題核心[4]。讓我們從人、關係、流程、工具等各個角度來看看「為什麼不順利」。然後，可以看到許多因素以階層結構相互關聯著，而且每當仔細解開那些看似不相關的問題時，有時會發現它們都歸結於同一個核心。

因此需要解決的是那個浮現出來的核心問題。然而，越是接近核心，解決問題就變得更加困難，需要投入更大量的努力。在解決問題的核心時，也要採取逐步漸進解決問題的方法。

---

[4] 問題核心的深入挖掘。在第 8 章「了解如何進行團隊自省」的「09 五問法」 p.189 有詳細的解說。

精益專欄

經驗學習循環

團隊自省將經驗轉化為成長。David A. Kolb 提出了一個經驗學習循環模型，稱為「經驗學習圈」[※]。經驗學習圈由具體經驗→內省反思→抽象概念化→積極實踐的四個階段循環組成。理解這個循環模型可以更深入地理解團隊自省的背景。

「**具體經驗**」是指自己所獲得的經驗。這是自己主動行動並產生結果的事情。此外，被動地由周圍環境引發的事件也屬於具體的經驗。在「內省反思」中，自己回想起內心的意圖、行為，以及由此產生的結果（具體經驗），並進行自省。

「**抽象概念化**」則是指內省反思的結果與過去經驗相融合，產生一個抽象化的「經驗原則」。經驗原則是指從個人的經驗中得出的原則，例如「在這種情況下可能存在這種趨勢」、「基於這樣的原因或理論，產生了這樣的結果」等等。

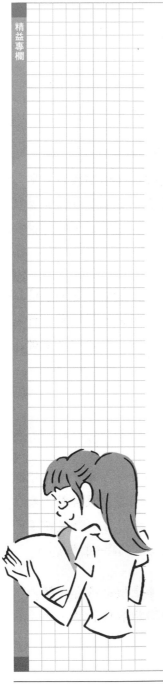

「**積極實踐**」則是指在概念化進行的基礎上，確定下一步的行動方針和行動方式（例如：「下一步這樣做可能會成功」、「下一步試試這個方法」等），並將這些行動實踐，以便進一步獲得具體的經驗。

第 2 章中介紹的團隊自省方法也符合這個經驗學習循環的步驟。透過團隊自省、執行行動，並再次對行動執行結果作團隊自省的活動，團隊的成長將不斷加速。充分利用每次所獲得的經驗，讓團隊發揮 120% 的潛力，朝著目標的方向全力以赴。

※　David A. Kolb・Kay Peterson：著『How You Learn Is How You Live: Using Nine Ways of Learning to Transform Your Life 』（2018）ISBN：9780999170502

Chapter **03**

在進行團隊自省之前

初次見面

新團隊的工作開始了

看起來好像有點問題

停下手邊的工作吧

我們來聊聊團隊

重新定義溝通與協作

團隊自省的自省

一點一點地改變

初次見面

新的工作即將開始，首先，把現況整理一下。

「接下來該如何進行呢？」

我的名字是「莉卡」。這次要加入一個正在進行產品開發的團隊 ......。雖然我是途中加入，但聽說這個團隊在一個月前才剛剛成立，所以這還是一個相對新的團隊呢！我從經理的聊天中得到一份開發計劃書，上面寫著要「採用敏捷開發」。根據目前的組織圖，團隊成員有 5 人，加上我會變成 6 人。經理說「團隊還沒有很好地步入軌道，希望你能協助團隊」，嗯 ... 我能做些什麼呢？

我是一名已經入職五年的工程師，現年 27 歲。在經歷了幾個 B2B 系統的開發項目後，一直在工程師的職業生涯中不斷成長，擁有團隊流程改善與活化團隊的經驗。我喜歡並擅長支持身邊的人，也有領導經驗，被周圍人說很會照顧別人。然而，我有時會太關心周圍的事情，而忽略了自己的工作。

莉卡

在這裡分享一下過去的經驗吧。我在入職後負責了五個產品。雖然每個都是棘手的工作，但回想起來，我很幸運的和一個很優秀的團隊經歷了很有趣的歷程。

有一個產品在某個時期出現了許多問題，導致那陣子我過著每天都要工作到很晚，只能搭最後一班電車回家的那種生活啊。因為設計的一部分沒有詳細考慮到，導致測試階段出現頻繁的錯誤，即使修復錯誤也會產生廣泛的影響。甚至需要重新檢視整個架構，總之非常辛苦。最終我們還是成功地順利

發布產品，看到客戶開心的表情，感覺真的很棒。當時每個人都看起來很疲憊，所以我們決定改變現狀，找出整個產品中的瓶頸。接著大家一起討論，每天進行一點點的改善，逐漸解決問題，團隊的氛圍也逐漸變得開朗起來⋯⋯。那時候有位領導者站出來領導團隊，我則負責準備和制定計劃，並支援團隊的活動。從那次經驗中，我意識到我可能喜歡支援團隊的工作，並開始有意識地以這種方式行動著。

在最近的工作中，我也有擔任過管理職的經驗。制定計劃、召集團隊成員、進行管理，這些都相當辛苦呢。從計劃書的製作到需求定義、設計、開發、測試、發布和運營，需要考慮很多事情，一開始感到非常忙碌。在那個團隊中也經歷了起伏不定，有苦也有樂，並非一帆風順。但我相信那段經歷在將來一定能派上用場。

在那個時候，作為團隊建立的一部分，我們每週舉行了 30 分鐘的學習小組，首次了解到了「敏捷開發」的概念。在開發過程中，對於「敏捷開發」的理念和實踐並不熟悉，無法很好地應用。但是，在產品發布後，有機會嘗試引入「團隊自省」這一實踐，我認為這是很好的機會。雖然是第一次進行「團隊自省」，但團隊提出了很多行動方案，如「下次我們應該這樣做」、「在運營階段可以進行這樣的改進」等等，這讓我們產生了「讓我們繼續努力」的心情。進入運營階段後，我們透過實施行動和持續改進，團隊的運作也逐漸改善。

找我來 ...
你的意思是？

哎呀，我的團隊也想導入這樣的學習，看來可以找你。

之前有個敏捷學習小組，不是你組織的嗎？

能不能請你幫個小忙呢？

是我組織的啊

說到幫忙 ...
你覺得我要做些什麼呢？

是這樣子的，那個團隊目前看起來有點不太順利。

莉卡小姐，你不是一直很擅長組建團隊嗎？

所以，能不能請你想辦法幫幫忙呢？

關於加入這個新團隊，我估計在兩週後 ...

雖然都這麼說了，但之後具體應該怎麼做呢？

同時請你好好協助現有團隊的工作交接 ...

我 ... 我明白了。

我會把這個情況跟現在團隊的負責人說 ...

大約三個月後，我被經理叫了過去，和他進行了這次的談話。

「我明白了，我會努力的。」我這樣回答後，與經理的會議就結束了。之後，我開始進行現在團隊的交接工作，同時也開始為加入新團隊做準備。我負責的團隊已經進入運營階段，客戶的要求也趨於穩定，所以交接狀況進行得很順利 ...。

經理說「新的團隊不太順利」，不知道是什麼意思呢，應該如何著手才好呢？首先，我得好好學習一下敏捷開發。嗯，入門書應該是放在辦公室的。敏捷開發雖然聽起來很好，但我該從何處著手呢？也許我之前參加的那次「團隊自省」可以派上用場。我記得在一次學習小組上聽說，敏捷開發要反覆進行團隊自省。剛剛買的那本《團隊自省指南｜打造敏捷團隊》應該也能派上用場。我要一邊讀這本書，一邊用心學習一下。

新團隊的工作開始了

莉卡見到了新團隊的組長。接下來，又會發生什麼故事呢，讓我們拭目以待。

因為這是本公司第一個採用敏捷開發的案子，所以我們只好邊做邊學。不過，事情並不是很順利 ...

由於我們缺乏敏捷開發的經驗者，所以只能透過閱讀書籍然後模仿著嘗試。但是，我不知道做對或做錯，因為我們還在努力弄清楚怎麼做。

原來如此 ...

我聽說你之前有組織過敏捷開發的學習小組，所以或許你對這方面應該會比較熟悉吧。

我希望你能考慮一起來參與團隊協作。

原來如此 ...

我雖然沒有實際進行過敏捷開發，但我會盡力試試！如果繪里也能一起幫忙，那就更好了。

那當然！

這個團隊正在開發一個公司內部用的產品，距離正式發布的時間還很早。

不過，如果我們放任不管，會很浪費時間，所以我希望能盡快讓團隊順利運作起來。

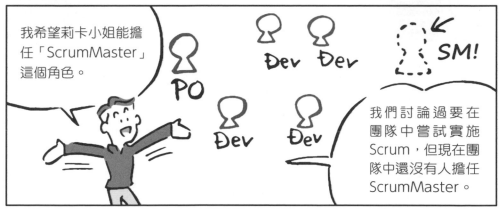

我希望莉卡小姐能擔任「ScrumMaster」這個角色。

我們討論過要在團隊中嘗試實施 Scrum，但現在團隊中還沒有人擔任 ScrumMaster。

觀察團隊，從旁協助大家的角色，是...嗎？

對對，我就是這意思，我從經理那裡聽說，你應該很擅長這部分，如果你能給我一些建議，我會很感激的。

就這樣子，我被安排加入了一個新的團隊。接下來，會有什麼樣的事情等待著我呢？充滿了期待和不安，我的心情十分複雜。

登場人物介紹

莉卡

擔任 ScrumMaster。雖說如此，無論是敏捷開發還是相關的 Scrum 經驗都沒有的菜鳥 ScrumMaster ！

繪里

轉職進來的，27 歲。從學生時代開始，就對程式設計有著濃厚的興趣，據說技術水平很高。經常參加公司以外的學習活動，進行資訊收集。他在加入公司之前就與莉卡在學習活動上認識。所以是莉卡在有困難時可以諮詢的好夥伴。

李大

轉職進來的，31 歲。他是團隊的領導者和產品負責人。一手包辦了產品計畫和需求定義等與利害關係人有關的事務。帶領團隊時就像是兄長般的存在。儘管如此，由於他負責的工作很多，能夠與團隊在一起的時間有限。

小皮

進公司第 3 年，25 歲。性格沉穩，對任何事情都持懷疑態度。由於這種性格，在測試過程中，他的意見很受到周圍人的重視，因為他能夠發現其他人無法察覺到的錯誤。他經常說的口頭禪是「我有問題」。

范哥

45 歲，資深工程師，他對每個人都很友善，由合作公司派遣來的技術人員。由於他同時還負責合作公司的管理工作，所以有時候會在不同的開發現場，導致聯絡不便。

光姐

她與范哥同屬一間合作公司的 38 歲派遣 UI 設計師。因為她在不同的地點工作，基本上是透過線上交流進行溝通，但每週會來辦公室露個面。她也熱衷於嘗試新事物，並也常參加各種學習小組。

精益專欄

Scrum、Product Owner、ScrumMaster 是什麼？

Scrum 是敏捷軟體開發方法的其中之一。在 Scrum 中固定的時間段被稱為一個 **Sprint**（短衝），而產品開發的過程則是不斷重複著 Sprint。Product Owner（產品負責人）和 ScrumMaster 是在 Scrum 中定義的角色。

Product Owner 負責確定要製作的產品內容以及製作內容的順序，並全力以赴實現產品價值的最大化。

ScrumMaster 是負責在團隊內推進和支援 Scrum 方法的人。運用教學、教練和引導等不同技能的同時，並最大化 Scrum 團隊創造的價值。

本書中，為了讓那些不熟悉敏捷開發和 Scrum 的人也能安心閱讀，本書做了相對應的說明，請放心。如果你想瞭解更多關於敏捷開發和 Scrum 的內容，建議閱讀之前已經出版的姊妹書《SCRUM BOOT CAMP ｜ 23 場工作現場的敏捷實戰演練》（ISBN：9786263240889），這樣將更深入地能加深你的理解。直到這裡，只要你理解到莉卡小姐承擔了「作為 ScrumMaster 負責改善團隊的活動」的吃重角色，就沒有問題了。

看起來好像有點問題

看著這個新團隊，似乎有一片不祥的烏雲籠罩著他們。

好像是
"團隊自省"！

我明白了，原來是這樣啊。

繪里小姐，你能幫我一起協助團隊變好嗎？

欸！

因為我剛加入可能無法獨自做得好，所以我想請繪里小姐幫幫忙 ...

好喔！算我一起！

做這個決定後感覺有點興奮起來了呢！

真的謝謝你了！首先要做的是 ...

停下手邊的工作吧

在得到繪里小姐的幫助下，已經看清了團隊的狀況。接下來應該如何做出改變呢？

哎呀，這週我們的進展得不太順利呢。

對不起，我認為我們對任務的估點有點天真。

我打算在這之後做個團隊自省 ...

啊 ... 那是？

我嘗試過兩次團隊自省，但不知道效果是什麼

在那之後我就沒有這麼做了

那時候好像都在說這裡不好、誰做錯了之類的事

這樣的團隊自省真的有意義嗎？

懷疑狀 ...

...

就是現在！

還有，如果能稍微改變團隊自省方式，我認為應該就很好了。

我也會努力學習的。

現在有莉卡小姐的加入，我想這是團隊開始改變的一個好機會。

讓我們透過團隊自省，一起成為比以往更棒的團隊吧！

是啊。我原本就預留了一些時間作這個。

那麼...就來一次久違地團隊自省吧。

好啊！

大家覺得這樣可以嗎？

...我....喔好...

首先從停下手邊的工作開始

現在正是團隊處於「停下手邊工作」狀態的時候，正如第 1 章所描述的那樣。為了改變團隊的現狀，讓我們首先從團隊自省開始吧！

團隊自省是能引發變革的催化劑

團隊自省並不會以戲劇性的方式改善團隊的現狀，而且並不存在那種如萬靈丹的解決方案，因為團隊的變革需要時間。然而，如果能夠有意義且有策略性地利用團隊自省的時間，就可以加快團隊變革的速度。

如果將團隊自省作為團隊的一種習慣，團隊的狀況將會一點點地逐漸改善。這不僅適用於採用敏捷開發或 Scrum 的團隊，因這是所有團隊都共同具備的特點。

團隊自省從小處開始

當團隊開始作團隊自省時，一開始很容易會有過高的期望，認為團隊自省可以解決所有問題。殊不知，雖然團隊自省可以發現問題，幫助團隊思考下一步的行動，但惟有依靠團隊自身來實施行動，才能解決問題。

一開始不要對團隊自省的結果抱有
過高的期望比較好喔

導入團隊自省不可能從一開始就做到位。很多時候，你會覺得事情並不如你所願。如果以過高的期望開始作團隊自省，往往會因為理想與現實之間的巨大差距而感到「團隊自省毫無價值」。所以請先從這樣的心態開始「一開始可能不太順利，但讓我們一起嘗試，一點一點改變它。」

讓周圍的人參與其中

在團隊變革的時候，如果有人像莉卡一樣能讓周圍的人參與其中，變革起來就會容易很多。讓對團隊自省感興趣的人參與進來，一點一點地改變團隊[1]。如果必須自己發起團隊自省，請用自己的話解釋為什麼要進行團隊自省以及希望如何利用團隊自省改變團隊。也許無法在一開始就讓所有人參與，但你應該能夠從小事做起。

那麼，接下來一起來看看莉卡的團隊是如何開始進行團隊自省的吧！

---

[1]　若是想要擴大影響範圍並將團隊自省擴展到整個組織時，可以使用相同的思維方式。在第 14 章「將團隊自省推廣到組織內部」 p.301 有詳細的解說。

我們來聊聊團隊

大家都同意了進行一次團隊自省。那麼，應該怎麼開始進行團隊自省比較好呢？

嗯，當我嘗試實作這個功能時，因為范哥不在，我很困擾因為不知道該做到什麼程度？

實作註冊功能的時候遇到困難

這樣啊，是我的錯，我忘了把細節跟你說

我也要分享。我遇到 UI 操作相關問題的時候想聯絡光姐，但是聯絡不到…

我照著自己的方式去做，結果出現了錯誤。

喔，那個阿！我這邊也忙不過來

這是一個簡單的部分，我以為問其他人就可以了，所以我一忙就忘了回訊息了，抱歉！

如果我當時有注意到的話，也許就能處理好這件事。

我懂了。與其照著自己的方式去做，我應該先去問繪里的 …

我也明白了。這樣的溝通失誤還蠻多的。也許我們應該重新檢視團隊的溝通方式。

團隊自省從分享團隊活動內容開始

即使團隊一起工作，但如果他們是採取分工制，或在遠端環境中各自活動，其他成員就很難清楚知道「每個人在做什麼工作」「遇到了哪些困難」「思考了哪些事情」。

正是因為存在這些「看不見」的部分，團隊活動中才會出現不順利的部分。而能夠讓團隊意識到這一點的工具就是團隊自省。如果已安排了團隊自省的時間，請先從分享團隊活動內容開始吧。

可以試著討論一下團隊現況

當一個團隊剛成立，或是當你覺得有些事情不起作用時，可能是團隊內的信任關係尚未建立起來。在這種情況下，你可能會因為擔心說出問題被責備，而變得膽怯，或者覺得不值得與其他人分享自己的工作狀況和想法。

在這樣的情況下，為了逐漸建立信任關係，以下是一些可以分享的內容：

- 目前正在進行的工作是什麼？

- 目前的狀況如何？

- 你有什麼感受或想法？

- 目前遇到了哪些困難或問題？

盡量從能夠分享的範圍開始談論團隊的現狀，透過互相透露彼此的情況和想法，團隊成員及團隊的現況將逐漸變得可見。藉由了解彼此，將會減低對於

「看不見」事物的不安感，並且，當彼此變得更加支持對方的時候，個人將會意識到去嘗試「展示」自己想法的價值。

在與團隊成員分享團隊的現狀並進行分析時，自然而然地會討論哪些地方可以互相幫助。這樣的討論會讓個人從原本僅關注自己的工作轉變為關注於整個團隊的工作及創造價值的方式。於是自己的視角將從個人的角度轉變成作為一個團隊來看問題。

透過這樣的轉變，在團隊自省以外的場合，團隊成員之間的溝通和協作也會自然地增加。作為這些轉變的第一步，那就先來討論一下目前團隊的現狀。

互相分享彼此的工作和想法
是很重要的

讓每個人一起分享參與了哪些活動，活動所帶來的結果是什麼，以及他們當時在想什麼。同時，一起分享感受到什麼，像是「我很高興」或「這很難」等，這也很有效果[※2]。因為透過自己和他人的情感觸發，就會引發自身去回憶那些對團隊很重要的事件。

當團隊成員互相分享活動內容時，問題也會自然而然地被浮現出來。然而，有一點需要注意。不要指責任何人。雖然追蹤問題的原因是為了解決它，但應該避免追究責任狀況或互相指責的行為發生。一但遭受指責而打開了自我保護的開關，就會讓人難以接受團隊或他人的意見，而且在這種情況下，也就難以產生新的想法與點子。

※2　傳達或引出負面情緒是需要一些技巧的。在第 6 章「團隊自省的心態」 p.133 有詳細的解說。

另外，解決問題不應該僅由一個人承擔。與其說是「一個人做」，不如說是把思維引向「如何能和整個團隊一起做得更好？」。如果一開始不習慣這樣做，或是還不能落實到具體的行動上，那也沒關係。因為當每個人開始分享這些事實和情緒時，其他人也一起想想「我可以做什麼來讓事情變得更好？」，於是當作爲一個團隊時，就會引發下一步行動的想法。

善加利用白板

就像莉卡和她的同事一樣，在過程中把團隊的活動、意見和感受寫在便利貼上，並按時間順序排好。不過，最好先讓個人有時間單獨思考，再將它們寫在便利貼上，接著再黏貼到白板上的同時與大家分享。如果你突然開始請大家交換意見，不擅於發言的人就會很難開口說話。在這種情況下，應該確保個人思考時間，然後再讓大家分享自己的看法。

如果有成員在線上環境中一起參與團隊自省，請輔以白板工具和視訊會議工具 ※3。這樣所有人都可以使用白板與便利貼，同時在視訊會議工具上作對話和討論，這樣會方便許多。

在白板上分享意見時，團隊成員不僅要分享他們寫在便利貼上的內容，也要相互討論。在分享的過程中，會逐漸顯現更多資訊和想法，因此，請將這些資訊逐步地寫在白板或便利貼上。

※3　線上團隊自省的相關工具在第 5 章「在線上進行團隊自省」 p.123 有詳細的解說。

重新定義溝通與協作

前面已經分享了團隊的現狀。那麼接下來，應該討論哪些方面呢？

分析團隊的現狀

在團隊初期階段出現的問題，往往是由於團隊的 Communication（溝通）和 Collaboration（協作）不夠順暢所導致的。

首先，需要先思考以下幾點：

- 團隊成員之間的溝通方式是怎樣的？

- 如何改變團隊的溝通方式？

- 怎樣才能在團隊內實現更多的協作？

那麼，就讓我們一起思考解決辦法。

除了資訊共享以外，也可以討論團隊之間的互動和交流方式。

像是團隊成員之間如何相互分享有關進度、任務和遇到的困難等資訊，都是在溝通問題的討論範圍內。此外，還可以關注平時的閒聊和工作中的對話等各種形式的溝通。接著考慮這些行為中哪些是好的或不好的，為什麼它們對團隊產生了正面或負面的影響，以及為了將它們引向更好的方向，團隊可以做些什麼。

關於協作方面的討論範圍，比方在哪個環節、與誰進行了工作上的協作、協調和配合，以及什麼樣的協作對團隊來說才算是有益的？透過這些角度的討論，就可以考慮今後應該採取哪些行動。

一開始無法立刻制定行動計畫
也沒關係

如果能將「改善」的「行動」具體化，並付諸實踐，那麼在之後就會明顯地感覺到團隊的變化。然而，在還不熟悉「團隊自省」的情況下，可能就無法達到這點。首先，團隊成員之間互相披露資訊並共享就已經是一項重要進展了。如果對彼此和現狀有明確的認識，對「應該如何改變」的方針有模糊的概念時，那就能產生「讓我們進行改變」的氛圍，從而更容易地引發行動。

當整個團隊重新審視溝通和協作時，每個團隊成員都會有意識地與其他成員進行溝通和協作。這樣一來，團隊的問題會逐漸在團隊自省以外的場合浮現出來，那麼這些問題也會自然而然地得到解決。

讓團隊自省的結果能隨時檢視

將團隊自省過程中共享的資訊和想法直接黏貼在白板上，以便團隊成員可以隨時查看。若是還有行動方案也可以寫在便利貼上，並貼在團隊的任務板上，以便每個人都有機會領取任務。但如果討論結果沒有達到行動階段，那麼應確保團隊自省的內容隨時可見，並訂下重新檢視的時機。時機可以訂在團隊的定期會議上（例如 Scrum 中的 Daily Scrum）或者上班後的第一時間進行。如果能保持著行動方案立即可見，那麼團隊的行動就會自然而然地開始變化。

團隊自省的自省

透過團隊自省，互相傳達了團隊成員彼此的想法。最後，團隊自省的進行方式會隨著想法的交融而自適改善。

今天就到這裡吧。最後還有
3 分鐘，我們來自省一下團
隊自省的方式吧。

讓我們一起互相分享
一下感想吧。

因為我希望以後能更
好地進行團隊自省！

團隊自省
的自省…

我們來聊聊關於這次團隊自
省中好的部分，以及想要有
哪些不同的做法。

好～

即使只是共享資訊，也
會產生「下一步我們應
該這樣做！」的
想法呢。

透過團隊自省，不
只是討論問題，我
們還能夠看到各種
情況呢。

透過團隊自省，我也
能夠看到大家日常的
工作方式，光是這一
點就讓我覺得進行團
隊自省是值得的！

團隊自省本身也要不斷改善

團隊自省可以看成是「團隊活動的改善場域」，因此也應該認真改善「團隊自省本身」。透過改善團隊自省的過程，可以實現更適合團隊的、更有效的團隊自省。

在這個過程中討論的是團隊自省的引導方式、主題、討論內容，以及如何進行溝通和協作，以便在下一次團隊自省中加以應用。

即使只有一點點時間，做一次
「團隊自省的自省」也是不錯的呢

在團隊自省的最後 3 到 5 分鐘內，即使只是互相分享『本次團隊自省的感想』，也能產生改善團隊自省的想法，從而對下一次團隊自省產生改善效果。如果在團隊自省時間內無法進行口頭交流，僅透過聊天等方式逐一書寫感想，也能期望達到相同的效果。

團隊自省也應該依據團隊
的需求進行調整

透過進行「團隊自省的自省」，團隊將會慢慢習慣自省。剛開始即使對話時可能會有些尷尬，效果也不太明顯，但只要不斷對團隊自省作出改善，團隊對於團隊自省的參與意識將會加強，進而轉變為「從團隊出發，為團隊而做的活動」的模式。

一點一點地改變

在團隊首次完成團隊自省的隔週。來看看這一週團隊有哪些變化。

與團隊一起確認這些微小的改變

與團隊一起回想從上次到這次的團隊自省之間有何差異，團隊之間發生了哪些改變，讓每位團隊成員從自己的觀點與其他人一起討論，這樣的作法對團隊覺察會很有幫助。

- 哪些事情進展順利？
- 哪些事情沒有進展順利？
- 嘗試了哪些挑戰？
- 得出了什麼結論？

無論觀點從哪個角度出發，只要共享「改變」，就能夠看到進一步放大該改變或引發其他改變的方法和切入點。

付諸行動很重要

這些改變發生在莉卡的團隊裡，是因為他們願意「付諸行動」。大家分享彼此的情況和想法，然後決定一起「試試看」，並立即開始行動。無論結果是朝著好的方向還是出乎意料的方向，改變都將會很快地發生。

即使在團隊自省的過程中沒有確定具體的行動，如果在對話之間出現了『想試試這個』之類的字句，請務必鼓勵整個團隊都一起嘗試。因為這將成為行動的催化劑。如果改變發生在出乎意料的方向，只需將變更還原為原狀即可。在分析失敗原因的同時，想想還能做些什麼來扭轉已發生的改變，並使其變得更好。若能做到這一點的真正關鍵就是實踐**小行動**。

一起決定一個小行動

在團隊一起討論「是否有更好的方法」後，於結果中選擇一個最具體的行動方案作為「行動」來實行。在莉卡的團隊中，選擇了「與所有人一起制定任務，而不僅僅只有范哥一人」的行動，並立即付諸實施。透過這種方式，決定一個個可以立即實行的小行動。而這些行動將為團隊帶來新的改變，這些改變又會產生新的想法，從而加快團隊內部變革的步伐。

累積小行動是非常重要的呢

改變團隊整個流程的大行動往往是困難的，因為人們不知道從哪裏開始，或者有很高的心理障礙，結果往往是「最終什麼都沒有做，什麼也沒有改變」。

在引發重大變革時，先踏出第一步是至關重要的。首先，將其分解成數個小行動，因為透過小行動累積小變化，就可以更容易地調整變革的發展方向。所以找出一個能夠踏出小而重要的第一步。一旦團隊共同決定了行動，就在團隊自省之後立即踏出這一步。

要由整個團隊全體一起去改變喔

無論是將團隊中某個成員的能力擴散到整個團隊的行動，或者作為解決大問題的第一步的行動。任何具有挑戰性的行動都要由團隊一起改變。

重要的不僅僅是「個人改變行動」，而是「整個團隊改變行動」。當團隊缺乏凝聚力時，單獨的個人行動往往會引發「這是他／她要做的行動（任務），與我無關」的思維，而進一步導致團隊分裂。即使是類似「○○先生做了XX」的個人改變行動，大家也應該要有意識地試圖讓整個團隊一起參與完成。只要團隊成員之間可以互相支持，消除個人化的部分，那麼就有許多事情可以在整個團隊共同努力下推動向前。

擁抱變化與成長

透過團隊自省所引發的團隊變化，對於團隊外的人來說，可能會被視為微不足道且價值有限。有些人或許會懷疑：「經過一小時的討論，這個行動是否真的有效？」但請無需擔心這點。對於一直以來變化不多的團隊來說，團隊能夠從自身引發變化就是非常值得自豪的成就了。當團隊成員有認知、實際感受並意識到『我們能夠產生變化』和『我們能夠成長』時，這種體驗將成為新變革的催化劑。

這是個不斷循環變化的過程

起初即使只是小變化，但只要在每次團隊自省後有小行動引起的變化，都能不斷重複並累積，它將成為一個重大的變革。有一天，團隊會意識到自身已經經歷了以前無法想像的變化和成長。

在團隊自省時，多數人往往會以短期的視角去評估「成功」或「失敗」。然而，從長期的角度來看，可以發現邁出行動的一步、並透過結果再進行修正，最終將成為重大變革和成長的契機。即使行動並不順利，也沒有關係。

從「我們能夠用自己的力量改變以前無法改變的部分」和「我們瞭解了哪些改變容易失敗」的角度來看，這些行動絕不是浪費。

以「我們已經改變了這個地方，下一步該做那個」的方式，透過提升整體團隊士氣，逐步引發變革。這將引領團隊進入更高效能的狀態，並逐步打造成一個真正的敏捷團隊。

這種積極的思維方式，將為團隊在團隊自省之外，提供一個學習和發現事物的契機，從而實現改變和成長。

在團隊自省之外也能進行改變

團隊自省的真正價值在於「促進在團隊自省以外的部分產生改變」。如果團隊每週進行一次團隊自省，並假設時間為 1 小時，那麼在團隊自省以外的時間就有 30 多個小時。在這個「團隊自省之外」的時間裡，運用團隊自省所獲得的改變和成長的感知能力。在日常中將會有持續小改善和引發小變化，團隊改變和成長的速度也將會呈加速度上升。

只進行幾次的團隊自省並不能戲劇性地改變團隊，但它可以加速團隊的變革步伐。千萬不要因為每一次團隊自省的結果而感到喜悅或難過，而是以長期的視角，從團隊的角度來看待自己，欣賞自己逐漸改變和成長的樣子。

Chapter **04**

如何進行團隊自省

步驟 ❶ 進行團隊自省的事前準備

步驟 ❷ 創建團隊自省的場域

步驟 ❸ 回想事件

步驟 ❹ 交流想法

步驟 ❺ 決定行動

步驟 ❻ 改善團隊自省

步驟 ❼ 展開行動

在本章開始後，除了繼續複習之前學習到的內容，同時應開始加深對團隊自省進行方式的理解。

在這一章中，將介紹如何進行團隊自省的具體實施步驟。請按照以下團隊自省流程的七個步驟進行。

步驟❶　進行團隊自省的事前準備

步驟❷　創建團隊自省的場域

步驟❸　回想事件

步驟❹　交流想法

步驟❺　決定行動

步驟❻　改善團隊自省

步驟❼　展開行動

在第 2 章中，簡要介紹了團隊自省的流程，但在本章中將會詳細解釋每個步驟的實施細節。

步驟❶ 進行團隊自省的事前準備

雖然事前準備這一步被簡單地描述為一個步驟，但在此步驟中需要做的事情相當多。

- 準備道具
- 安排場地
- 考量目的
- 思考結構
- 選擇一位引導者

如果從一開始就讓領導者或 ScrumMaster 單獨處理這些事情是相當困難的。不過，透過反復進行團隊自省，將逐漸增加每個人可以做的事情。而這些事情應該可以是整個團隊共同參與的。如果每個人都有機會體驗一次或以上，團隊自省的準備也將成為大家可以共同愉快進行的事項。

準備道具

道具在團隊自省中發揮重要的作用。如果有適當的道具，就能更容易地引出更多的想法。因此，在事前準備中準備好所需的道具，以便能夠順利地開始團隊自省。由於每次使用的工具幾乎相同，將它們整理集中在一處，下次取用時會更加方便。

團隊自省需要哪些道具呢？

以下是在團隊自省中的常用道具，請提前準備好。

❶ 白板或白板壁貼、(全開) 模造紙等，作為大型畫布使用

請根據辦公環境準備相應的道具。如果使用模造紙，也請準備相應的膠帶或磁鐵用於固定。

❷ 便利貼

選擇邊長度大於 75mm 的便利貼，因為太小的話不易書寫。還有選擇強黏性的便利貼，因為較不容易脫落並且更加方便。如果有四種不同的淺色便利貼，書寫時也更容易進行分類。

❸ 黑色簽字筆

用於在便利貼上寫下想法。原子筆因線條較細，從遠處看便利貼時很難清楚辨讀文字，因此應準備筆尖較粗的簽字筆（1 ～ 1.5mm）。如果墨水的墨量較少或筆跡模糊，請在開始團隊自省前補充墨水或更換筆尖。此外，也需確保有足夠的筆供每個人使用。

❹ 白板筆

用於在白板上書寫。最好準備黑色、紅色和藍色三種顏色，依內容不同選擇不同顏色在辨識上會更加方便。如果使用模造紙，請準備適用於紙張的粗筆。

❺ 圓點貼紙

在文具店或生活百貨店等地方有販售，用於投票或表達自己的心情。

圖 4.1　團隊自省所需的道具

還有其他方便的道具嗎？

作為團隊自省的輔助道具，以下是一些方便的道具介紹。建議根據團隊的需求，逐步地收集這些道具。

❶ 計時器

用於團隊自省過程中劃分工作時間。簡易做法是使用手機的計時器功能，也可以使用廚房計時器或是座鐘。將它放在所有人都能看到的位置，此舉能更容易地使人意識到時間。

❷ 各種不同種類的便利貼

準備一些大尺寸的便利貼，可以給寫滿點子的便利貼分群分組時使用。另外也可以準備各種氣泡框或彩色角色貼紙都可以使團隊自省時更加有趣。

❸ 發言幫手

準備一個手掌大小的毛絨玩具等物品。使用時，由手持發言幫手的人發言，發言結束後再將其傳遞給下一個人。這方式對於對話容易停滯的團隊來說非常有用。

❹ 點心和飲品

在進行團隊自省的同時可以試著供應點心和飲品。透過進食，人們的副交感神經會優先發揮作用，使得人們更容易放鬆。所以準備一些點心和飲品，創造一個輕鬆的環境，這將有助於產生新的想法。

❺ 音樂播放器

根據背景音樂的種類，某些類型的音樂對人們的精神狀態具有放鬆的效果。但是，請注意選曲，以免干擾團隊自省的進行。關於這一點，在「安排場地」的部分將有進一步說明。

❻ 便利貼收納盒

由於團隊自省可能會使用大量的便利貼，請準備一個收納已使用過的便利貼的容器。另外也將使用過的便利貼依日期收疊在收納盒裡，這些堆積的便利貼就是多次團隊自省的紀錄與回憶。當收納盒裝滿時，可以試著舉辦一場派對，一起回憶、共同慶祝，也是一種有趣的方式。

應該如何準備線上團隊自省？

如今，除了在辦公室面對面的團隊自省外，線上團隊自省的機會也越來越多。如果要在線上進行團隊自省，就需要準備能夠在線上使用的白板工具或

是可共同編輯的網路應用程式，作為白板與便利貼的替代方案。對於小型團隊而言，也可以使用聊天工具進行發言形式的團隊自省。

此外，需要確保大家對話的音訊可以共享。建議使用語音通訊工具，讓團隊自省可以用視覺和聲音的方式順利進行。

線上團隊自省的工具和技術在第 5 章「在線上進行團隊自省」 p.123 有詳細的解說。

安排場地

請為團隊自省創造一個完美的空間，可以是辦公室的一角、會議室或能容納整個團隊聚集的地方。在團隊自省過程中，會使用到大量的便利貼，並且需要足夠空間讓全體成員能聚集在白板前。因此，建議準備一個稍大的房間，就可以容納比團隊人數更多的人。如果受到公司條件的限制，無法提供足夠大的房間或缺乏必要的設備，但仍然可以充分利用已有的空間，創造一個能讓團隊更容易進行團隊自省的環境。

一旦找到合適的地點，就可以開始著手空間佈置。

什麼樣的空間佈置比較好呢？

為了能產生各種想法，藉由「**Problem vs. Us**」的觀點思考，將有助於產生正向的想法。因為討論關於如何進行小幅度的改變，單靠「You vs. Us」的討論是無法達成的。為了建立「Problem vs. Us」的意識，正確的空間佈置可以發揮有效的作用（圖 4.2）。

人跟人在面對面的對話時，在團隊自省的過程中常常會無意識地在物理上產生像「You vs. Us」的構圖。即使在整個團隊進行討論時，大家心裡都明白這一點，但當全員以面對面的方式坐下並對話討論時，很容易因為一個小小的矛盾而情緒激動起來，開始針對某個人展開言論。另外舉個例子，當眼神交會的時間變長時，某些人可能會感到心理壓力。特別像是職場的上下級關係或合約的甲乙方關係的情況下，面對面坐著會更加給人壓迫感，因此營造易於溝通的氛圍就需要更加注意空間佈置。

圖 4.2　空間佈局會影響創造想法的難易程度（左圖 You vs. Us，右圖 Problem vs. Us）

為了創造出「Problem vs. Us」的狀態，可以設計一個以白板為中心、呈半圓形的座位佈局，使團隊成員可以圍坐或站在一起進行對話。這樣的佈置可以讓對話的氛圍自然地向全體成員展開，而不是針對個人進行對話。

而且，若是使用足夠寬敞的場地，配置出能讓人們自由移動並進行討論的佈局，將更容易促進對話的產生。如果每個人總是坐在椅子上，面對著桌子或牆壁進行團隊自省，交流與溝通往往變得不夠活絡。如果讓每個人都站起來聚在一起，就可以產生更具互動性的溝通。然而，在團隊自省的過程中一直站著可能會讓人感到疲累，所以最好在周圍放置一些椅子，以便在需要時可以坐下來休息。若準備所有人的椅子也不理想，只要其中一人坐下，其他人也會跟著都坐下來，因此建議準備一半的椅子，讓疲累的人可以坐下來休息就可以了。

以放鬆的心情進行團隊自省

作為空間佈置的一部分，播放音樂可以營造出放鬆心情的效果。而適度的放鬆可以提升集中力，減輕無聲的緊張感，並促進更輕鬆的對話氛圍。重點是以**不受人注意的音量播放音樂**，因為過大的音量會干擾對話進行。此外，請盡量選擇**無歌詞的治癒音樂**，若歌詞太多或是令人耳熟能詳的音樂，常會讓人忍不住跟著節奏而干擾思考集中度，因此在選曲時要慎重注意。然而，有些人可能更喜歡無聲環境才能集中思考，所以如何運用音樂應請根據團隊的需要來調整。

在團隊自省剛開始時，氛圍會處在還比較緊張的階段，播放背景音樂可以作為破冰的一環，讓氛圍更輕鬆。當覺得每個人都已經集中精力投入到過程中時，可以漸漸降低音量或停止播放音樂，這樣更能營造出一個讓團隊容易發揮創意的環境。所以請根據團隊的狀態，適時調整音樂的使用方式，這樣對團隊自省的成效會很有幫助。

考量目的

開始前首先考量本次團隊自省的目的。根據團隊的情況和狀態，「什麼樣的團隊自省會帶來團隊的改變和成長」可能會有所不同。即使是每週進行團隊自省的團隊，目的也會逐週稍有不同。

在第 1 章中，我們列舉了團隊自省的目的與步驟，包括以下三點：

- 停下手邊工作
- 加速團隊成長
- 改善流程

這些目的可以更詳細地分類，還有很多種可能性。以下是八個典型的目的。

❶ 希望分享團隊的狀況和狀態
❷ 希望維持團隊的成功，擴並大團隊的優勢
❸ 希望避免團隊的失敗，並解決團隊的問題
❹ 希望分享學習與覺察，並產生新的實驗
❺ 希望提高團隊的信任關係
❻ 希望從不同的觀點分析團隊，包括不常提及的方面
❼ 希望對團隊的長期狀態變化作團隊自省
❽ 希望描繪團隊的未來和目標

目的會隨着形勢和事態的變化而變化

由於團隊當前的情況和狀態會影響到需要討論的內容，因此請在團隊自省的前一天或當天設定目的。雖然也可以由個人檢視團隊後再設定目的，但如果可以的話，最好由整個團隊共同設定。

必須理解團隊自省的目的

團隊自省中非常著名的手法之一是 **KPT**（Keep，Problem，Try）法。如果在網路上查詢團隊自省相關的資訊時，KPT 法是一個在日本相當常見的手法。

KPT 法是一種透過回答「Keep（繼續做的事）」、「Problem（存在的問題）」和「Try（嘗試的事）」這三個問題，來改善團隊活動的方法。這是一種非常簡單且強大的手法[1]。

然而，確實有些團隊因為「這是一個知名的手法」，就盲目地模仿手法的步驟，把「執行手法」本身變成目的，卻忽略了進行團隊自省的真正目的，這種情形的確是時有所聞。

在團隊自省中最重要的是，整個團隊都能理解並接受「為了什麼目的而進行團隊自省」。而僅僅模仿手法，當效果不立即顯現時，就可能認為「進行了團隊自省卻沒有意義」，並傾向於跳過下次團隊自省。一旦跳過一次團隊自省，下次也會跳過，接著再下次也會跳過，這樣就不會再進行團隊自省了。最終，團隊就會回歸到最初混沌的狀態。如果你的團隊正處於這種情況，如果你對團隊自省的效果感到無法認同，請回到團隊自省的目的並再次思考※2。

思考結構

根據不同的目的，有效的進行方式也會有所不同。這裡將根據目的來考慮團隊自省的進行方式。在流程結構方面，將按照本章所述的七個步驟，決定實際進行團隊自省的步驟 ❷ ～ ❻。

- 步驟 ❶ 進行團隊自省的事前準備
- 步驟 ❷ 創建團隊自省的場域
- 步驟 ❸ 回想事件
- 步驟 ❹ 交流想法
- 步驟 ❺ 決定行動
- 步驟 ❻ 改善團隊自省
- 步驟 ❼ 展開行動

本書中在第 8 章介紹了可以根據每個步驟所應用的手法。

※1　KPT 法，在第 8 章「了解如何進行團隊自省」的「11 KPT」 p.198 有詳細的解說。
※2　團隊自省的目的，在第 1 章「什麼是團隊自省？」的「團隊自省的目的與階段」 p.8 有詳細的解說。

團隊自省的流程結構是透過將各種手法組合而建立起來的,從而最終實現團隊自省的目的。

思考結構似乎很困難!

如果剛開始進行團隊自省並且尚未熟悉,或者無法給予團隊足夠的時間,以及在決定流程結構方面感到困惑,請在整個團隊確定團隊自省的目的後,逐一嘗試不同的手法。在嘗試過的手法中,請選擇適合團隊的手法並進行逐步改善即可。在逐一嘗試各種手法的過程中,你將逐漸了解每個手法對於團隊自省的目的所產生的影響。

如何將這些手法組合起來?

按照步驟,將團隊自省的手法組合起來,就能讓團隊自省更有效。所以請遵循步驟❷～❻並結合相應手法進行或組合手法。

例如,可以考慮像表 4.1 一樣的結構。

有關如何選擇哪種手法組合是最適合的?請參閱第 8 章「了解如何進行團隊自省」的「團隊自省手法的選擇方式」 p.153 和第 10 章「團隊自省的手法組合技」 p.259 ,其中提供了許多例子以供參考。透過嘗試不同的組合,自由地創建適合團隊自省目的的流程結構。

步驟	手法 ※ 各種手法介紹在第 8 章	目的
步驟 ❷ 創建團隊自省的場域	紅綠燈	聆聽團隊自省前的個人感受
步驟 ❸ 回想事件	KPT	與團隊分享所發生的事情
步驟 ❹ 交流想法	KPT 點點投票	分享成功的經驗和失敗的學習，提出並縮小團隊的 Try 的範圍
步驟 ❺ 決定行動	KPT SMART 目標	將 Try 轉化為具體行動
步驟 ❻ 改善團隊自省	紅綠燈 ＋／△（Plus／Delta）	引發團隊自省後的感受並加以改善

表 4.1 各步驟的組合手法

對了，這些手法也需要一些道具

一旦確定了流程結構，接著就要準備所需的道具。每種手法所需的道具在第 8 章中有個別有詳細的介紹。例如，如果決定使用 KPT，事前先準備一塊白板，其中包含記住團隊自省時發生了什麼事的框和繪有「Keep／Problem／Try」的框。

當準備好所有必要的道具後，將流程結構寫在白板上（圖 4.3）。如果在不清楚要做什麼的情況下進行團隊自省，參與者可能會感到迷茫和不安，因為他們看不到目標。將流程結構張貼在易於看到的地方，參與者就會稍微放心參與團隊自省活動。此外，將「目的和使用手法」張貼在易於看到的位置並加以解釋也是很重要的。

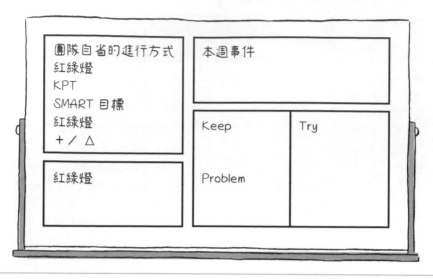

圖 4.3　在白板上寫下團隊自省的結構

注意！請勿像圖 4.3 那樣直接在白板寫上手法名稱。對於不熟悉團隊自省的
人可能會感到不安，因為光看手法的名稱無法想像自己應該「要做什麼」。
對於剛開始進行團隊自省或是第一次使用該手法的情況，如果只描述「可以
怎麼做」，會更容易給參與者一種安全感。請根據團隊的情況和狀態，考慮
如何描述流程結構以及解釋到什麼程度。

可以修改團隊自省手法的內容嗎？

隨著熟悉了團隊自省的過程後，就可以開始混合使用不同的手法，而不僅僅
是按照順序一個接一個的使用它們，也可以在不使用特定手法的情況下進行
團隊自省。

只要團隊能夠認識到團隊自省的目的，就可以根據團隊當時的狀態自由地改
變團隊自省的手法。如果有「邊做邊嘗試新手法」的氛圍，那麼可以當場研
究找新手法，然後與團隊一起嘗試。

指定一位引導者

為了順利進行團隊自省,當團隊還不熟悉作法時,建議指定一位引導者。這個角色有個重要工作是時間管理,同時也會運用各種引導技巧如提出想法、促進想法的發散和收斂等,以推動團隊自省能順利進行。

即使是已經指定了一位引導者,團隊成員也應該有共同心態「其他成員也能協助引導者的角色」。與其只依賴一位引導者,不如鼓勵彼此積極參與,比如相互提出意見、關注進展過程等。

若能事先決定好由誰擔任引導者,會使本次的團隊自省進行更順利。更佳的做法是在團隊自省結束時就確定下一次的引導者。當大家變得更加熟悉後,也可以在團隊自省開始之後再決定引導者,也是可行的。

引導者這個角色給人一種很困難的感覺

如果一開始就追求成為完美不犯錯的引導者,或者團隊對引導者有著過高期望,這樣的壓力會讓擔任引導者的人感覺很沉重。所以初次擔任引導者的人可以先說點開場白,例如「雖然不確定結果如何,但讓我們一起嘗試看看吧」或者「讓我們互相支持、互相幫助」,來營造一個讓大家都能夠輕鬆嘗試的環境。這樣一來,擔任引導者的負擔就會減輕。

另外,引導者還需要一些與日常工作不同的技巧。只有實際去做,才能弄明白很多事情,比如「問這樣的問題比較好嗎?」或者「在這個地方進行起來比較難嗎?」。因此,與其固定一個引導者,不如讓每個人輪流負責。這樣每個人都能擁有引導者的視角,彼此之間才可以彌補彼此的不足。最終,團隊自省就能更順暢地進行。

步驟 ❷ 創建團隊自省的場域

從這裡開始，將會介紹從團隊自省的開始到進行的步驟。首先，要做的是「營造場域」，實質上，這是為每個人創造一種專注的狀態，從而能夠有意義地利用這段團隊自省的時間。

為了創建場域，將依以下三個步驟進行。

- 確定主題
- 決定如何進行
- 專注於團隊自省

此處有些內容會與「步驟 ❶ 進行團隊自省的事前準備」相似，但只要在團隊自省開始時與整個團隊再次討論，此時將會產生出一種「我們共同創造團隊自省」的感覺。這是個重要的步驟，只須在團隊自省開始後花費 5～15 分鐘討論一下就足夠了。

確定主題

在團隊自省開始後花點時間，再次確認步驟 ❶ 的「考量目的」中考慮的目的與這次的主題是否契合。如果團隊的現狀或狀態與最初設想的目的不符，請重新確定主題，並調整此次團隊自省的流程結構。

如果確定了一個新的主題，契合了團隊目前的現狀和狀態，還有這次的目的，那麼請對新主題開始進行討論吧。

沒有提前討論目的，沒問題吧？

如果在團隊自省開始前並沒有考量目的，務必在此時向團隊拋出一些問題以確定這次的目的。

透過拋出以下如「今天的團隊自省想要討論什麼？」「有什麼擔憂存在？」「團隊目前關注的議題是什麼？」「團隊希望實現的目標是什麼？」等問題，並再次與所有人討論並確認這次團隊自省的目的。

決定如何進行

請確認在步驟 ❶ 的「思考結構」中所討論的流程結構是否合適，並根據「確定主題」所決定的內容來重新創建團隊自省的流程結構。

進行方式該如何討論呢？

在決定進行方式時，需要考量給每段討論分配多少時長，並制定一個時間表（圖 4.4）。雖然不必嚴格遵守這個時間表的每個細節，但需要控制住這次團隊自省的時間長度。因此，除了給每段討論分配時間之外，最好預留一些彈性時間。而且無可避免地討論有時會變得激烈，但如果事先設定好時間，就可以避免無休止的討論。

如果會議室是跟外部借用或租用的話，清理會議室也需要時間收拾整理，請務必記得考慮這一點。

團隊自省的進行方式
紅綠燈 （3分）
KPT （60分）
SMART 目標（20分）
紅綠燈（3分）
＋／△（3分）
打掃收尾

圖 4.4　清楚標記每個步驟所用的時間。

專注於團隊自省

在團隊自省過程中，應鼓勵團隊成員以**「正向地」**的心態思考。為了思考「讓成功能持續且延續下去，我們可以做些什麼」，正向積極的思考方式就是必要的。即使在考慮採取行動以應對負面事件時，擁有正向積極的心態更容易產生好的想法。因此，「營造場域」就是為此做準備的一部分。

此外，**「對話」**也將用於團隊自省中。對話使每個人都能尊重對方的意見，並且可能可以產生出單獨思考也無法得出的想法。需要注意的是，這種對話是不同於將「這個提案更好」和「那個不行」進行對比的場景。

創造一個促進**「正向地對話」**的環境，將這些元素整合在一起，會自然增加溝通的次數，促進意見交流變得更活躍。隨之而來的是，即使是微小的事件也會被分享並轉化為浮現創意的流程。當達到這種狀態時，不必過於拘泥於團隊自省的進行方式，自然而然地團隊自省的目的也更容易實現。只要引導者適度地給予支援，好的創意和行動就會自然而然地產生了。

為了進行正向地對話，
需要做哪些準備呢？

為了準備「正向地對話」，在團隊自省開始時，可以進行一些為了創建團隊自省場域的活動。而且有許多的手法可用於準備團隊自省場域，例如 **DPA** p.155 、**開心雷達** p.168 、**感謝** p.171 等等。對於這些手法感興趣的人，可以先翻閱第 8 章「了解如何進行團隊自省」（ p.147 ）。

在團隊自省時，
希望大家都能集中注意力呢？

團隊自省需要全員集中注意力，這樣才能產生好的想法。如果在過程中有人在做其他工作，或者心不在焉，就不可能從他們那裡得到好的想法，而且也會干擾其他成員的注意力

在這段時間裡，可以透過口頭提醒全員將注意力集中，並要求收起筆電或平板，說明團隊自省必需的心態等方式來確保所有團隊成員都能參與進來。這些小技巧可以讓團隊自省更加有效。

在團隊自省的一開始，設計一個讓每個人一次說一句話的方式也是挺有用的。透過這種方式，每個人都能表達出「我也參與了團隊自省」「我為團隊自省做出了貢獻」的感受。在所有人都有參與意識的前提下，一起來進行這次的團隊自省。

步驟❸ 回想事件

在這個步驟中，依據這次團隊自省的目的和主題，請所有人回想在特定期間（例如一週）內發生的事件，將它們寫在便利貼上並分享給彼此。回想的內容包括「事實」、「感受」、「學習與覺察」等要素。在回想事件時，可以使用以下列舉的技巧。但不需要全部都做，可以根據選擇的手法和團隊自省的現場情況適當的使用它們。

- 按照時間順序回想
- 從事實、感受、學習、覺察、成功、失敗等方面回想
- 聯想式回想
- 單獨個人回想
- 團隊共享事件
- 將對話內容可視化
- 深入挖掘事件細節

按照時間順序回想

在團隊自省的特定期間內，請大家一起回想「個人和團隊發生了什麼事情」，並將其按照時間順序記錄下來。使用時序列的方式，能更容易回想起特定日期、星期幾和時間的相關訊息，例如：「星期一我們做了這件事情」、「星期二我們 ...」等。

從事實、感受、學習、覺察、成功、失敗等方面回想

以這些要素為基礎進行回想。根據不同的手法，也可能還包括其他要素。在此，將說明其中最重要的「事實」和「感受」。

在日常工作中，我們很少用到「感受」
這個詞彙對吧？

在團隊自省中表達感受，將強烈的情感與記憶聯繫在一起，將使得回想更加容易。同時，這也有助於提高團隊創造行動的動機。

此外，將事實和情緒聯繫起來回想也是一個好方法。在便利貼上一起寫下「有某某事情並感到高興」的方式，將事實和情緒一同記錄下來。同樣地，也可以將「事實」和「學習」、「覺察」聯繫在一起回想。

這種方法與「按照時間順序回想」不同，它是從印象深刻的事件開始，按順序進行回想。同時將時間順序和感受相結合的回想，可以幫助團隊想起曾經發生過的大小事。

想了解更多其他值得討論的事情

在此處介紹了一些基本要素和其他，如果要了解如何提出可以引發意見的問題，在第 9 章「團隊自省的要素和問題」 p.245 有詳細的解說。請參考該章節。

聯想式回想

這是一種透過聯想來回想其他事件的方法。例如「我和○○先生談話時談到了這件事情」或「說起○○先生的話 ...」，透過這樣聯想的方式來回想起當時的記憶和用到的詞彙。有些事件是按照時間順序相關聯的，而有些事件可能完全不相關。如果個人無法獨自回想起更多事件，可以查看自己或其他人寫的便利貼，透過聯想來回想起更多事情。

單獨個人回想

在團隊自省開始時請大家先獨自回想。花些時間仔細思考自己為什麼會採取這樣的行動、當時有什麼樣的感受等等。透過這段獨自回想的時間，就可以從其他成員那裡採集到更多的資訊。

從一開始就讓大家一起討論不好嗎？

先讓每個人有獨自回想的時間是有其原因的。因為思考方式因人而異，有些人可以立刻提出多個意見和想法，而有些人則需要花時間深思熟慮後才能提出意見。如果不給予個人思考的時間，後者的意見就會很難被收集到。

另外，如果若要回想過去一週的情況，建議要提供 8 ～ 15 分鐘的獨自回想時間。

與團隊分享事件

將回想起來的事件與團隊所有人分享。更重要的是在分享時，讓每個人都能自發地表達意見。

有時即使告訴他們「請自由地發表意見」，他們也不太願意行動起來…

請想像一下，每個人都將自己回想到的事件寫在便利貼上，然後將其依照時間順序貼在白板上，與所有人共享這些事件。這時，不該由引導者主動開口「現在輪到這個便利貼的人說話喔」，而是應該鼓勵大家自發地表達意見，

可以改口「從左上角的便利貼開始，寫這張便利貼的人可以主動發言。順序不必嚴格遵守，當你覺得輪到自己時，請毫不猶豫地發言，不用擔心內容重複。」另外，讓正在說話的人可以用手指著所說的便利貼，以便其他人知道正在談論的是哪張便利貼。

將對話內容視覺化

剛剛說了一些很棒的東西，但是記不太清楚了，是什麼來著？

在與團隊共享事件的討論過程中，往往又會引出一些未被記錄在便利貼上的資訊。這些內容可以被寫在新的便利貼上，或者直接加到白板上加以視覺化。由於同時進行發言和視覺化是一項困難的任務，因此除了發言者之外，其他成員也應積極參與紀錄與撰寫資訊。

如果有些便利貼上的事件需要稍後再詳細討論，或者想記住某些細節中的新想法，可以加上符號或標記，方便稍後辨認。在團隊自省過程中，討論可能會在不同方向上發散，因此稍早前的討論內容可能會被遺忘，也可能不記得資訊寫在白板的哪個位置。若在重要內容旁加上符號或標記，屆時再看到就能夠迅速回憶起當時的討論內容。

深入探究事件

在共享事件的過程中，會出現需要更深入探討的問題，例如「這件事為什麼會發生？」、「結果如何？」等等。在這樣的情況下，團隊成員間可以相互提問，進一步深入挖掘事件的細節。透過探討團隊所遇到的成功和失敗，以及其背後的原因，可以為團隊提供下一步應該做什麼行動的想法。

步驟 ❹ 交流想法

在回想事件這個步驟之後,接著將討論「希望採取什麼樣的行動」的想法。
為了能互相交流想法,以下是一些提出想法的要點。

- 從團隊的角度思考
- 從個人的角度思考
- 獨自思考
- 團隊一起思考
- 共享想法
- 發散想法
- 衍生想法
- 深入探討想法
- 分群想法
- 收斂想法

從團隊的角度思考

想要提出想法,首先要以「團隊」為主體。像是「團隊下一步應該做什麼」
和「團隊想要做什麼」等想法。

從個人的角度思考

當然,每個人都可以提出自己想嘗試的想法作為個人的提案。而這些想法也
可以進一步延伸,轉化為適合整個團隊的想法。

獨自思考

和「步驟 ❸ 回想事件」這個步驟一樣,給自己留出單獨思考的時間。如果從一開始就直接讓所有人展開討論,那麼議題的走向可能會受到第一位發言者或發言能力較強的人的影響,使得想法無法發散而固定在某一個方向上。而且,通常表達意見較強勢的人的想法往往更容易被採納。

團隊一起思考

在團隊中交流並討論各種想法。透過團隊之間的對話討論,共同創造新的想法。為了避免錯過好點子與想法,請試著將其視覺化。

共享想法

在團隊中將想法分享給所有人。如果時間允許,可以逐一解釋所有的想法,如果時間不夠,可以將這些想法寫在便利貼上,然後貼在白板上供大家瀏覽。如果對便利貼上的想法有疑問,可以互相討論想法的細節和意圖,以幫助自己更好地理解這些想法。

發散想法

運用不同的思考方式,使想法能更進一步發散。就像進行腦力激盪一樣,歡迎自由發表意見,提出各式各樣的想法。不管是多麼無聊或看似無效的想法,都要毫不猶豫地寫下來。所以為了能發散出各種想法,在提出想法前,首先要將腦海中的想法立刻寫到紙上 [3]。

---

[3] 發散想法時,可以使用腦力激盪的規則。關於腦力激盪的規則在第 8 章「了解如何進行團隊自省」的「15 小改善點子」 p.222 有詳細的解說。

衍生想法

在每個人提出想法後，對這些想法加以擴展與補充，藉此創造出新的想法。
或著，只修改某個想法的一部分，這也會形成全新的想法。

深入探討想法

選出一些想法進行具體而深入地探討。提出諸如「這個想法是什麼樣的？」
「為什麼這個想法很重要？」「如何實現這個想法？」等問題。此時，請記
得也要將挖掘出的資訊視覺化。

分群想法

為了方便分享或收斂想法，可以將散亂的想法作分群整理。這裡可以使用一
些標準來篩選，如「優先級」、「有效性」、「影響力」和「工作量」等，將白
板上散亂的想法作分群 [※4]，這也有助於凝聚團隊共識。

收斂想法

在白板上的這些想法中，挑選出一些應該立即處理或對於團隊來說相當重要
的想法。即使這個想法是只需要一個人便可完成的行動，只要所有人認為這
對於團隊來說很重要即可。目前這些行動還不需要有具體可實現的計劃，因
為行動的具體化將在下一個步驟「步驟❺ 決定行動」中進行。

[※4] 　關於分群想法，在第 8 章「了解如何進行團隊自省」的「16 Effort & Pain / Feasible &
　　　Useful」 p.224 、「17 點點投票」 p.227 有詳細的解說。

步驟❺ 決定行動

從已經被團隊認可的想法中,選擇出將要執行的想法並具體化為「行動」。
在決定行動時,有七個要點。

- 行動具體化
- 制定可行的小行動
- 制定可衡量的行動
- 不要試圖將每個想法變成行動
- 制定短期、中期和長期行動
- 立即嘗試採取行動
- 記錄行動

行動具體化

將想法具體化且使其具備可執行性。首先將想法明確化,運用 5W1H
(Why・What・Who・When・Where・How)來做到這一點,以及在接
下來的步驟中,從「可行性」和「可衡量性」的角度具體化這些想法[5]。

制定可行的小行動

行動總是沒有執行呢?

---

[5] 在確立行動時,參考在第 8 章「了解如何進行團隊自省」中的「19 SMART 目標」會很有幫
助。 p.236 有詳細的解說。

在團隊自省結束後，團隊應立即將具體化的行動付諸執行。那些試圖解決所有在組織裡的大問題的行動，或者從現在起一個月後才能完成的行動，往往最終不會被執行並且不會有任何作用。因此，不要試圖想用一個行動來解決所有的問題，而是建立小的、可執行的行動來產生實質性的影響。

制定可衡量的行動

你意識到「注意○○」
這個動作嗎？

在執行行動時，讓行動所帶來的變化可以被量化和衡量。請確保其行動內容是可以被計算測量的。若像是「注意○○」或「留意○○」等著重於意識層面的行動，其結果是不能被衡量的，且只有當事人方能感知。因此，要確保你的行動是具體明確能落實，並且可以量化其成果。

不需要把所有的想法都轉化成行動

一次執行太多行動，會不易辨認出有哪些行動對團隊產生了正面影響或負面影響。同時，如果某些行動出現問題，要單獨將其回復也變得較為困難。此外，行動越多，分配到每個行動的專注度就越低，可能導致有行動被忽略。

好主意這麼多，
捨棄掉真是太可惜了！

多數人出於本能會盲目地想執行完所有任務板上的行動，但團隊並沒有足夠時間考慮和實現所有的想法。因此，建議將這些想法排序，優先考慮那些對

團隊最為重要的想法，並且將其具體化。在每次團隊自省，建議最多選擇三個優先級別高的行動來實施。在開始熟悉這個過程之前，甚至只選擇一個行動也就足夠了。

制定短期、中期和長期行動

將團隊自省的行動依時間跨度分為短、中、長期三群。

- **短期的行動**：可以立即執行並且立即看到效果的事項。
- **中期的行動**：無法立即執行，但會安排行動執行的日程並訂出指標以衡量其效果。
- **長期的行動**：為了做出重大改變而採取逐步的、階段性的行動。

在每次團隊自省中，所制定的行動大多是短期行動。而短期行動在團隊自省會議結束後就立即執行，並將其轉化為工作任務，在下次團隊自省前，由全員共同參與完成[6]。

即使決定了下一步的行動，也會忘記…

對於無法立即執行的事項，就將其視為中期行動，並轉化為工作任務並列入待辦清單中以確保不會被遺忘。而針對組織層面的問題或需要大量工作進行

---

[6] 對於 Scrum (敏捷開發框架) 來說，可以將團隊自省中的行動與任務納入 Sprint Backlog 中，並在下一個 Sprint 中執行。對於正在實踐 Scrum 的人來說，在第 12 章「Scrum 與團隊自省」 p.287 有詳細的解說。

流程改進的長期行動，則設定為團隊的目標，並張貼在團隊所有人都看得到的地方。

而且長期行動不需要具體化，因為每次團隊自省都可以逐步地拆解長期行動，思考執行哪些短期行動可以逼近長期行動的團隊目標。如果短期行動的結果導致需要修正長期行動，則應定期檢視行動並做出調整。

立即嘗試採取行動

如果時間允許，就在團隊自省的過程中立刻執行制定的行動。例如，如果有個行動是「改變任務看板的佈局」，無需等到團隊自省之後，當下就修改看板的佈局，或者畫出變更後的看板佈局圖，然後所有人一起想像「團隊使用新看板時的情景」。如果發現當前的佈局是易於使用的，則可以繼續使用它，如果發現需要稍作修改，也可以立即做出調整。

在實際執行行動之前進行類似的演練，不僅可以找出不清楚的地方，還能創建更適合團隊運作的行動。這樣的步驟能夠讓行動更具實際可行性，並讓團隊更容易執行行動。

記錄行動

將制定的行動寫在便利貼或索引卡上。如果團隊有使用任務看板，可以將這些行動貼在看板上，以便可以立刻執行。

重要的是將這些內容張貼在**團隊成員容易看到的地方**。讓它們隨時可見，如此團隊就有可能在潛意識中採取行動。可以考慮以下方式，比如在每天多次會看到的任務看板、經常經過的走廊、團隊使用的聊天工具的頁首、以及經常訪問的 Wiki 首頁等地方張貼這些內容。也可以試著在不同地方加些創意，讓它們更醒目、更容易被團隊看到。

步驟 ❻ 改善團隊自省

團隊已經按照上述流程進行了一次團隊自省，現在請大家再回想並審視剛才的過程。這包括「為了什麼目的？採用了什麼流程結構？它有用嗎？」、「每個手法的特點是什麼？下一步要改善哪些地方才能更好？」等等。透過**「團隊自省的自省」**可以使團隊自省的過程不斷變得更好。即使只是保留過程中的照片，也可以定性地觀察團隊的變化。

在這個步驟中，請每個人盡量提供關於這次「團隊自省本身」以及「引導者」的反饋意見。從這裡獲得的反饋意見將作為下一次改善的要點，這將進一步促進團隊自省本身的改善。

這個步驟有以下四個要點。

- 自省團隊自省本身
- 記錄團隊自省的過程
- 以正向的心態開始工作
- 為下次的團隊自省做好準備

自省團隊自省本身

在進行團隊自省時，請務必自省整個團隊自省本身的過程。如果忽略了這一步，團隊自省活動可能會漸漸與團隊的實際情況脫節，使得團隊自省變的形式化且缺乏實質意義。即使只是在團隊自省的最後 5 分鐘，務必花點時間討論這次團隊自省過程中的成功之處，以及需要改進的地方。其內容也可以討論團隊自省的進行方式，團隊成員之間的交流，以及提問題的方式等等。這些討論在下次的團隊自省將大有裨益。

這次的團隊自省進行得順利嗎？

對於這次團隊自省的流程結構與使用手法，大家可以一起討論看看有什麼感想？是否符合目前團隊的狀況和需求？從不同的角度進行團隊自省會更好嗎？這次的手法在剛才的實踐中效果如何？透過討論這些內容，可以加深對團隊自省本身和手法的理解。

另外，邀請所有人對於引導者和引導技巧提出反饋意見。討論哪些問題用上引導會更有助於深入地回想，哪些發言帶動了團隊的討論等等。這樣的討論可以促進在下一次團隊自省中，能共同創造一個良好的氛圍。

還有，也可以討論有關團隊自省的準備工作和使用的道具。以及討論如何準備才更有效，是否有缺少的道具，以及下一步想要嘗試什麼等。如果有某人在團隊自省前做了一些準備工作，分享這個過程會讓團隊成員更容易提供協助。

討論的內容可以立即轉化為改善行動，也可以用便利貼保留下來，以備下次團隊自省之用。

記錄團隊自省的過程

建議保留團隊自省時拍攝的照片、白板上的紀錄、在線上使用的文字記錄等。這只需要一點點額外的工作量，但在開始下一次團隊自省之前檢視這些資料，將有助於更好地利用「團隊自省的自省」的結果。此外，過了一段時間再重新檢視這些資料，將能確認每次的團隊自省是如何變化的，並將感受到團隊成長的過程。

以正向的心態開始工作

在團隊自省的最後,邀請每個人互相表示感謝,也可以與彼此談談對於團隊未來的期待。如果在團隊自省結束前,團隊成員之間能有正向的對話,那麼大家就會帶著積極的心態開始接下來的工作。所以請試著在團隊自省的最後進行一段轉換心情的對話吧。

為下次的團隊自省做好準備

在每次團隊自省的最後,進行「團隊自省的自省」,並將應改善的內容用於下一次的團隊自省中。而這些改善的內容也應該像前述的行動一樣,需具體化為可執行的項目,並為下次的團隊自省做好準備。

團隊自省的改善是何時進行的?

如果能在下一次團隊自省之前,檢查並確認改善措施的執行程度,這將作為「步驟 ❶ 進行團隊自省的事前準備」的有用資訊。如果這些改善措施能夠立刻實施,請在每次團隊自省結束後立刻執行。

步驟 ❼ 決定行動

在團隊自省結束後，團隊將會一起執行在『決定行動』步驟中制定的行動計畫。透過執行這些行動計畫，無論結果如何，都能為團隊帶來變化並推動團隊前進。

執行時有以下六個要點：

- 將行動列為優先事項並將其任務化
- 立即執行行動
- 團隊全員共同跟進行動的執行
- 對已執行的行動結果做團隊自省
- 在工作中改善行動
- 定期檢視行動的效果

將行動列為優先事項並將其任務化

雖然有提出行動，
但平日工作優先 ... 是吧？

將行動視為團隊的最優先事項。在開始工作之前，優先將團隊自省改善所產生的行動轉化為任務[7]。

---

[7] 同 [6] 對於 Scrum (敏捷開發框架) 來說，可以將團隊自省中的行動與任務納入 Sprint Backlog 中，並在下一個 Sprint 中執行。對於正在實踐 Scrum 的人來說，在第 12 章「Scrum 與團隊自省」 p.287 有詳細的解說。

立即執行行動

在團隊自省結束後，立即執行在團隊自省中決定的行動。如果連這樣的改善都被拖延，很容易導致「直到下次團隊自省都沒有任何改變」的情況。請全體成員共同合作，積極地執行行動。

> 雖然如此，執行這些行動似乎很困難…

有時候，人們會傾向於將平日工作優先於行動，這可能是因為行動規模過於龐大或者不夠具體，因此可能會有「行動是困難的」的想法。所以在開始執行時，建議選擇能在 5 ～ 10 分鐘內完成的行動，逐步地邁向目標。而且建議在團隊自省後立刻實施行動。如果在團隊自省後，只花費 10 分鐘左右的時間執行這些行動，應該不會對團隊成員引起太大的抵抗感。請記住，**一旦制定了行動，必須確實執行**。這一點很重要。

> 對於現在無法立即執行的行動，
> 該怎麼處理呢？

對於像「下次的○○活動時要做○○」這種有觸發條件的行動，建議能在每次 Daily Scrum[※8] 中提出還有待辦的行動，並將其書寫在大張的便利貼透過貼在任務看板上，或是設置聊天軟體機器人，在條件滿足後被觸發時提醒團隊立刻執行。這些作法與機制將有助於待辦的行動被誘發並迅速地執行。

※8　對於 Scrum 團隊來說，在 Daily Scrum 會議上審視行動的執行狀態也是一個好的做法。

團隊全員共同跟進行動的執行

行動分為整個團隊一起執行和個人單獨執行兩種。雖然個人單獨執行的行動，其結果往往取決於個人的能力，但其他人不能因為「這是那個人的責任」而漠不關心。即使是個人單獨執行的行動，也是「為了團隊變革的行動」，所以請讓團隊一起跟進，確保行動能夠順利執行。

用什麼方法跟進並不重要。無論是給予支持、予以鼓勵、協助行動，或是讓團隊成員以各種力所能及的方式進行，都是可以的。

對已執行的行動結果做團隊自省

一旦執行了行動，就要確認其帶來了什麼變化。確認的時機最晚應在下一次的團隊自省。若可能的話，請與團隊分享行動的結果，例如在行動執行後立即在團隊內討論變化，或在 Daily Scrum[9] 中討論行動的結果。

如何將行動的結果與下一步連結呢？

無論是出現了好的或不好的變化，還是沒有任何變化，無論哪種情況，都將討論以下的問題：

- 發生了什麼樣的變化？
- 為什麼這些變化發生了或者沒有發生？
- 是否達到了預期的變化？
- 接下來應該如何將這些變化與下一步的行動連結起來？

---

[9] 同 [8] 對於 Scrum 團隊來說，在 Daily Scrum 會議上審視行動的執行狀態也是一個好的做法。

可以根據執行的行動為基礎，對行動本身做出改善，也可以根據情況決定是否恢復原狀。透過積累執行行動的結果會發生什麼變化的經驗，這些經驗可以提高計劃下一次行動的能力。透過不斷重複這個過程，可以使團隊的變革逐步變得更大、更有效。

在工作中改善行動

如果能在下一次團隊自省之前執行行動並獲得結果，請根據這個結果再繼續改善，不一定要等到下一次的團隊自省。而且不需要做出大幅度的改變，而是進行一些微調。如此逐步微調能夠為團隊帶來有益的結果，或者從中獲得學習的機會。

定期檢視行動的效果

我們做了很多行動，
但哪些是有效的呢？

在每隔一段中長期的時間跨度，例如每月一次，團隊一起重新檢視之前已執行的多項行動的成效。並評估所獲得的效益，以及行動是否在持續地進行，這將成為制定未來行動方針以及審視制定行動計畫過程的契機 [10]。

此外，如果有長期行動的目標，請重新審視團隊是否正在朝著目標推進，並根據現狀並對目標作出修正，同時，一併調整制定短期行動的方針。

---

[10] 行動的改進，在第 8 章「了解如何進行團隊自省」中的「10 行動跟進」 p.194 有詳細的解說。

精益專欄

對團隊自省的特定期間做調整

一旦能夠定期進行團隊自省，可以嘗試改變團隊自省的特定期間。不必改變團隊自省的頻率或次數，而是調整團隊自省的特定期間跨度。例如，以往每週進行一次的團隊自省，調整為每兩週一次或每月一次的團隊自省。

調整團隊自省的特定期間後，將能夠看到較短期間內未曾察覺到的團隊改變和成長。此外，這也可能成為發現之前未察覺的風險和問題的契機。同時，也更容易提出關於未來的不同想法。

當特定期間較長時，請考慮制定中期和長期行動。此外，在團隊自省的過程中，確認上次中期和長期行動的執行狀況也是一個不錯的做法。

團隊自省的特定期間建議可以選擇 1 週、2 週、1 個月、3 個月、6 個月和 1 年。透過逐漸延長團隊自省的特定期間跨度，時間跨度不同的經驗將被整合，從而形成更具體、更具再現性的知識和經驗，進而增強團隊的能力。

Chapter 05

在線上進行團隊自省

線上的團隊自省的必要事項？

仔細地做好事前準備

創建 1 對 1 對 1 的視訊畫面佈局

使用文字或滑鼠游標取代口頭上的指示代名詞

線上團隊自省比平時更花時間

適度地使用文字和語音協助溝通

謹慎使用背景音樂

了解並掌握每種工具的好處

線上的團隊自省必要事項？

在無法面對面進行團隊自省的環境下，有哪些需要注意的地方呢？

莉卡加入三週後的某一天⋯

啊勒

今天我無法去辦公室了，真對不起！今天的團隊自省可以在線上嗎？

好喔

恩⋯
今天光姐不能來啊⋯

這是我第一次在線上作團隊自省。需要準備些什麼呢？

但是，如果只有我們這邊在使用白板，她可能會比較難加入對話吧⋯

最起碼要能通話有聲音。如果還可以將光姐投影在會議室的大螢幕上，這樣就可以進行交流了吧？

如果要同時進行的話，使用可以共同編輯的 Wiki 好像是個不錯的選擇？

總之先發個邀請連結吧

就醬子

仔細地做好事前準備

在進行線上團隊自省時，請確保使用的工具已經完成註冊和功能測試。如果有人在團隊自省中第一次使用工具，可能需要花費 5 ～ 10 分鐘進行設定，這可能會佔用到團隊自省時間。

提前發送邀請連結，確保每個人都能登入，並進行線上白板工具的便利貼測試，確保大家可以立即開始團隊自省。

創建 1 對 1 對 1 的視訊畫面佈局

當只有一個人在線上參加，而其他成員都在辦公室集會，形成了「1 對多」的情況。辦公室一方的成員很容易話題熱絡，導致線上成員跟不上討論的情況。

如果出現這樣的問題，一個有效的解決方法是採用「1 對 1 對 1」的視訊畫面佈局，所有人都改為透過線上工具進行交談（圖 5.1）。在「1 對 1 對 1」的視訊畫面佈局中，所有人一次只討論一個話題，這樣可以防止人們失去思考的焦點，也不會因為跟不上話題而降低參與度。

作為另一個情況 ※1，團隊成員位於不同辦公室，形成「多對多」的情況。在這種情況下，建議全體成員都各自的電腦連接以形成「1 對 1 對 1」的視訊畫面佈局，或者透過大型螢幕和鏡頭來模擬大家都在同一個辦公室的情況。

在線上進行團隊自省時，根據團隊的特性和對工具的熟練程度，最適合的佈局也會有所不同。因此在這個過程中，與團隊成員一起討論，逐漸改進成最佳佈局。

※1　在以下的網站上可以查看不同情況下的線上環境佈局配置案例。本章介紹了「Satellite workers」、「A multi-site team」和「A Remote-first team」這些情況。
◆ Remote versus Co-located Work
https://www.martinfowler.com/articles/remote-or-co-located.html

1 對多視訊畫面佈局

1 對 1 對 1 視訊畫面佈局

圖 5.1　讓線上視訊畫面佈局的配置更適合於團隊自省

使用文字或滑鼠游標取代口頭上的指示代名詞

當團隊成員都在同一屋頂下進行著團隊自省，即使說著「這個」、「那個」等指示代名詞，所有人也都能理解是什麼意思。但在線上透過視訊鏡頭時，僅僅說著指示代名詞，其他人是無法理解「這個」、「那個」到底是指什麼？因此，應避免使用指示代名詞，而是要仔細地一一說明。此外，如果使用線上協作編輯工具，某些工具可能會顯示參與者的滑鼠游標位置。為了傳達正在談論哪個部分，可以在說話的同時移動滑鼠游標。

線上團隊自省比平時更花時間

在線上作團隊自省時，由於網絡連線品質的關係，可能會出現對話中斷或無法同時進行對話等情況，因此可能會花費更多的時間。在不熟悉的情況下，如果試圖在線上套用與線下相同的方式進行團隊自省，可能需要花費 1.2 ～ 1.5 倍的時間。為了確保有充足的對話時間，請預留足夠長的時間，才能讓團隊自省順利進行。

適度地搭配文字和語音協助溝通

在線上進行團隊自省的優點在於可以透過文字進行溝通。在線上討論過程中，建議使用協作編輯工具，如線上白板或 Wiki，讓所有成員能夠快速地透過文字留言討論，如此可以表達出超越實體便利貼所能涵蓋的更多資訊。除了正在透過語音發言的人之外，其他人可以透過文字、圖片、網址來提供補充額外資訊，請善用這些不同的方式來改善線上團隊自省。

謹慎使用背景音樂

和離線（實體）環境不同，音樂透過網絡傳輸到對方的耳朵裡，可能產生噪音並容易引起壓力。如果想要播放音樂，請在確認不會對團隊自省造成干擾，與所有人一同確認後再播放。如果有任何一個人感到不舒服或感受到壓力，就應該立即停止播放音樂。

了解並掌握每種工具的好處

根據環境的不同，可能會受到公司內部的資安規則等限制而只能使用特定的工具。在這種情況下，請在理解各種工具的優點後，最大限度地利用公司內部可用的工具。接下來，將介紹各工具的優點和簡單的使用方法。

▎語音通話工具

Zoom、Microsoft Teams、Google Meet、Discord 等工具的基本功能都能免費使用，服務也足夠穩定。除了語音通話外，大部分工具還提供視訊和投影分享功能。在進行團隊自省時，建議每個人都保持開啟麥克風，並盡可能開啟視訊 ※2，如此一來溝通會更加順暢。

※2　如果不想展示真實的臉部，可以使用 FaceRig（一種用視訊攝影機加上濾鏡或特效及模擬臉部表情的工具），這樣幾乎可以達到與顯示真實臉部相同的效果。即使只是能夠看到頭部和嘴巴的動作，或者眼神方向，也能讓溝通更加容易進行。

由於大多數工具都有先前提到的功能，所以建議熟悉這些功能並善加使用，例如開啟攝像鏡頭以顯示臉部，讓參與者更容易理解彼此的反應，或在必要時分享畫面投影等。有些工具還提供表情符號和貼圖等方式可以傳遞「反應」，或者轉移桌面操作權限給其他人的功能。使用這些功能可使實體團隊自省無法實現的交流成為可能。

聊天工具

Slack、FB Messanger、Microsoft Teams、Line、Letstalk 等工具。如果使用聊天工具進行團隊自省，建議將每個想法分開逐一發言貼文，而不是將多個想法匯總在一則發言裡。如果可以用表情符號或其他類似方式回覆每則發言，就能一目瞭然地看到哪些想法是好的。若使用的聊天工具沒有討論串功能，對主題的討論可能會不連貫，所以最好在文字討論的同時使用語音訊息輔助。

共同編輯文字的工具・Wiki

Confluence、Google Docs、以及 Word Online 等文件共享工具，可以實現文件的共同編輯。這些工具提供了相對自由度較高的線上團隊自省方式。工具裡提供了文字強調、底線、顏色等方式，可以區分不同成員的輸入，也可以像使用圓點貼紙一樣，用 ● 符號來進行投票等操作。某些工具還提供視覺化的功能，可以顯示出每個成員正在編輯的部分，讓團隊能夠了解同時編輯的情況。

相較於使用便利貼，在使用線上文件工具時，還能使用表格和表情符號等功能，更易於增加更多的資訊量，這使得在線上交流時，有了不同於線下的交流方式。

任務管理工具

Jira、Trello 等工具。透過工具中任務泳道，可以實現類似 KPT（Keep、Problem、Try） p.198 的手法。可以用任務卡片的標題來表達一個具體的想法。

線上協作白板工具

Miro、MURAL、Google Jamboard 等工具。在這些工具裡使用便利貼的情況幾乎與線下場景中相同，可以實現類似的溝通方式。透過運用不同的顏色和調整便利貼尺寸，可以區分不同的撰寫者，或將雜亂的便利貼分群方便整理。

而且有很多強大的功能在線下是難以實現的，例如：

- 一次性選擇多個便利貼同時搬動

- 修改便利貼的內容

- 更改便利貼的顏色

- 為便利貼標記撰寫者的標籤

- 使用表情符號進行溝通

- 將內容匯出為 PDF 文件

這些功能在不同的工具中可能有所不同，請善用這些工具獨特的特點，探索在線下無法實現的新型團隊自省方式。

此外，如果套用工具提供的團隊自省模板，也可以縮短事前準備時間，或是發現新的手法。同時，還有可能會找到新想法可以應用於平常團隊自省中。

精益專欄

遠端白板工具的應用技巧

以下是一些使用遠端白板工具的方法。

善用不同形狀的便利貼。 提到便利貼，人們往往想到的是方形的，但有些遠端白板工具也提供了圓形的便利貼。圓形的便利貼可以更容易地將便利貼相互連接，表達它們之間的相關性，可以連接在上、下、左、右和斜向的位置。此外，與方形的便利貼相比，圓形的便利貼給人一種更活潑、柔和的印象，因此在需要大量產生創意的場合使用時，往往能產生不同於平常的視角下的創意。

善用計時器功能。 只要在需要的時候設定好時間並啟用計時器，所有人的螢幕上就會出現計時器，提醒著大家還剩餘多少時間。有些工具還可以設定當定時器倒數到零時發出聲響，這對時間管理很有幫助。

善用表情符號進行投票。 使用具有表情符號標記功能的便利貼工具，就可以用表情符號投票。如果工具中沒有這個功能，則可以使用圓形物件或其他表情符號物件進行投票。

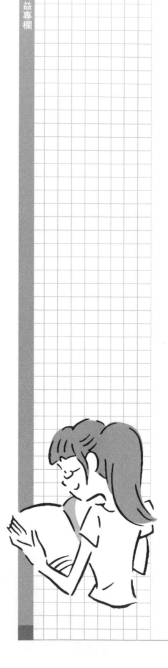

善用心智圖、看板等範本。 只要將文字輸入，這些工具會根據這些範本自動排版。如果能確定問題數量，就像 KPT p.198 的手法一樣，可以按照看板範本進行整理。

不同遠端白板工具還有很多其他功能，所以請閱讀工具的官方文件，探索並嘗試各種不同的使用方法。

Chapter 06

團隊自省的心態

促進變革和成長的心態

在團隊自省過程中，可能需要面對團隊的失敗。在這種情況下，團隊應該抱有什麼樣的心態呢？

光姐...！

能夠像光姐這樣看得開，真是太好了

就像小皮和光姐那樣，每個人的觀點不同，從不同的角度看，就可能會有不同的領悟

事物

因為我是一個樂觀主義者，所以像小皮這樣可以直言不諱地說出來，對我來說也是很有幫助的！

也許是這樣吧

這很好，因為每個人都有不同的觀點

我認為在團隊自省中能改變自己的觀點和心態是非常重要的

試著改變觀點...嗎？

最近工作不夠充實，但這個程度剛剛好！

不是這樣說的吧？

在進行團隊自省時，有六種心態（想法與態度）很重要。本章將逐一介紹這些心態。在團隊自省之前，最好能與團隊一起認識這六種心態，或者在「步驟 ❷ 創建團隊自省的場域」與團隊討論這些思維方式。

- 接納包容
- 多方面的詮釋
- 慶祝學習
- 踏出一小步
- 實驗精神
- 迅速取得回饋

接納包容

在團隊自省的過程中，自身將面對自己和團隊所經歷的各種事件、成功和失敗。在這種情況下，當涉及到自己參與的失敗時，不可避免地會有一種想要逃避的感覺。請試著想像在意外之間犯下的錯誤，或是多種事件交疊衝突而造成了失敗，而失敗與錯誤的根源竟然是自己的情況。有些人在團隊自省中又看到這些負面事件時，可能會產生一種自責感，而心裡也覺得自己受到了其他人的指責。但是，如果一昧逃避面對失敗，不僅不會帶來下一次的改善，最終還有可能重蹈覆轍。

在這時，重要的是讓**團隊共同認知到事實的現狀**。即使個人無法單獨接受這些事實，但團隊卻可以一起共同面對。將「發生的失敗」視為一個「事件」，客觀地看待並接受它。以客觀的角度看待事物，將自己視為「事件中的一位角色」，這樣就可以保持冷靜地分析事件。在冷靜的狀態下，作出以下分析：

- 為什麼這個事件會發生？

- 如果下次可以做得更好，我們可以做些什麼？

這些「該怎麼做」的行動將在未來使失敗轉化為力量。

當自己面對團隊其他成員的失敗時，重要的是要**作為一個團隊**去接受事實的現狀。不要把它視為個人的失敗，而是將其視為「團隊發生的失敗」來面對。

自己是否有過批評或否定他人的經驗呢？或者，是否在周圍看到有人這樣做過？這樣的發言和行為會讓人們變得退縮，阻礙他們的成長。對於周圍的人來說，聽到這樣的話可能也不會讓人感到愉快。相反地，接受事實，以客觀的態度來看待，保持冷靜，並考慮下一步應該怎麼做，如此一來，會更加地有成效，並有助於建立更好的團隊。

透過這種「接受團隊的現狀」的心態，如果反覆地認識自己和團隊的現狀，將會產生「在這種情況下，我和我的團隊傾向於這樣思考和行動。」的**後設認知（Metacognitive）**。透過後設認知，個人可以客觀地認識到團隊的行動原理，使得團隊能更有意識地改進團隊的行動方式。這將進一步加速團隊的成長。

多方面的詮釋

事物都是表裡一體的。當看待某一事件時，根據觀點的不同，可能會有「不好」的一面，也可能會有「好」的一面。

請想像一下，有一位小孩子將瓶裝水倒進杯子的場景。雖然他成功地將水倒進杯子，但力道太大，水溢了出來。當你看到這樣的情況，你會對那個小孩說些什麼呢？請試著想像一下。

接著來看看一些「不好」／「好」的回應例句。

- 水灑出來了啊／水倒進杯子裡了呢
- 哎呀／好棒優
- 要小心點呀／再試試看吧
- 下次怎麼才不會灑出來呢？／要怎麼做才能把水都倒進杯子呢？

有些人會將「水灑出來了呢」視為問題，然後溫柔地提醒説「下次要小心點呀」。這樣的話，孩子也許會開始小心地倒水，或者不再拿杯子玩耍，以免再受到責難。

接著換個觀點來看。即使只是稍微地把水直接倒入杯子也視為一種成功。雖然有些水灑出來了，但杯子裡仍然有水。這時可以對著孩子説：「你很棒喔，水倒進杯子裡了呢！那要怎麼做才能把水都倒進杯子呢？」，如此給予了讚美的同時也激發了思考下一步的改善。接下來，孩子可能會嘗試改變倒水的高度，或著換成大一點的杯子，進行不同的嘗試和實驗。

這就是所謂的「多方面的詮釋」。而這樣的觀點在團隊中也同樣重要。由於每個人的思考方式不同，面對事物時，有些人會聚焦於「不好」的失敗，而另一些人則會關注於「好」的成功。但大多數事物並不是 100% 的失敗或 100% 的成功。如果只關注到不好的一面，請試著有意識地轉向看到好的一面，或者從認為是成功的事物中找尋新挑戰，這種思維方式可能會對團隊有所幫助。

「多方面的詮釋」的第一點是**改變觀察的立場**。在之前孩子倒水的例子中，如果換個立場來看，例如「從父母的立場」、「從孩子的立場」、「從孩子的朋友的立場」、「從教師或教保員的立場」，看到的事物就會有所不同。在進行團隊自省時，也可以嘗試切換到自己的視角、團隊成員的視角、團隊整體的視角，甚至是利害關係人的視角，這樣可能會產生各種不同的想法和觀點。

第二點是**了解自己的想法和思考習慣**。然後，嘗試將思考的方向轉向與平常不同的方向。如果使用不同的觀點，就會有新的發現。透過轉換各種不同的觀點，可以對成功的案例作出更好的改善，並最大程度地利用從失敗中獲得的學習，將其應用於下一步的改善。

第三點是**讓團隊成員互相啟發**。就像第二點「了解自己的想法和思考習慣」一樣，也要了解關注團隊成員的想法和思考習慣。以尊重對方的發言為前提，然後提出不同的觀點和問題。當團隊成員之間能夠互相提問時，就可以引出一些意想不到的意見和想法，這些是單獨思考時很難預料到的。

慶祝學習

通常，失敗是令人恐懼的。在那些會指責失敗的工作場所中，團隊成員們就會變得保守，接著只會「重複以往沒有被責備的行為」以避免失敗。而且為了不被批評，就會試圖隱藏失敗，這樣一來，可能會造成延誤發現嚴重問題的不利影響。

培養「慶祝學習」的心態方能夠擺脫這種情況。從自身或團隊經歷的事件中，將其視為「有所學習」或是「出現了改善的機會」，然後一起慶祝所獲得的學習。擁有慶祝學習的心態，就能將成功或失敗轉化為團隊的學習機會。即使是失敗，也能夠在早期階段與團隊分享，這將有助於在造成重大損失之前更容易地制定相應對策。此外，還能讓團隊能勇於挑戰新事物而不害怕失敗。而新的挑戰又會產生更多的學習與覺察，而這些學習與覺察又會產生新的挑戰，從而形成一個循環。

將**「慶祝學習」的思維方式作為團隊的指導方針**，無論是成功或失敗，都將使團隊更容易產生積極的想法。

踏出一小步

在團隊自省時，重要的是**一步一步地逐漸改變**。團隊將從經驗中學習，並提出改善的想法，這些想法將幫助自己和團隊在明天之後每天都成長一點點。

當團隊遇到問題時，如果試圖解決所有問題，有時問題會變得過於龐大而難以處理，或者無法解決而導致士氣低落。在這種情況下，不要試圖一次性解決所有問題，而是嘗試提出一些可以改變現狀的想法，哪怕改變只是一點點。透過改變現狀，可以找到解決問題的突破口，還可以讓問題的本質更加清晰，從而更容易找到解決方案。

即使在團隊自省中總是出現「這個星期沒有什麼做得好的地方」這類的回饋，但是讓團隊成員「尋找 1% 的變化，儘管只有 1%，卻改變了某些地方」並不是那麼難。就像在水面上投擲小石頭會產生漣漪，漣漪重疊會形成更大的波紋一樣，所以請持續嘗試作出一點點的改變。即使是微小的變化，也可能無法感受到成長，但如果持續進行這些變化，最終將會產生巨大的變化。當團隊確實感受到這些變化時，將會感受到一股成長的充實感，並將激發出尋求更多「嘗試新事物」的成長動力。

在團隊自省中，並不需要追求多偉大的事情。即使一次只是一點點，只要從日常活動中逐漸獲得學習和領悟，並將它們連結到團隊的下一步的行動中，就已經足夠了。

實驗精神

與團隊一起試著做些小實驗吧。實驗指的是**成功或失敗都無法確定，但為了帶來某些改變而進行的嘗試**。而團隊只是為了產生 1% 的變化所採取的行動，是一次實驗嗎？如果只做那些已經確定會成功的改善行動，最終團隊可能會遇到瓶頸，並且成長將會受到限制。因此，為了突破瓶頸並持續成長，就需要進行「實驗」。

如果想嘗試大刀闊斧地實驗，通常大多數情況下會失敗。重要的是不斷重複透過小規模的實驗，培養出「降低失敗成本」和「即使失敗也不會受到太大傷害」之類的團隊經驗法則。

此外，實驗也可以提升團隊的士氣與學習動力。持續進行新的嘗試和挑戰，會使人產生「想要做」「試著做吧」的心情，這種心情隨著時間會進一步產生「想要更多嘗試」「挑戰更多新事物」的渴望。於是實驗將加速實驗本身。

透過不斷的實驗，團隊可以將成功或失敗的經驗轉化為更大的學習機會。這些從實驗中獲得的學習，將幫助團隊克服障礙，並促成飛躍性的成長。

迅速獲得回饋

對於行動的結果，團隊應該盡可能快速地獲得回饋。只要客觀地審視行動的結果，可以在團隊內互相給予回饋，或者向他人尋求建議和意見來取得回饋。那麼回饋取得越迅速、越即時，接著進行的改善就越容易。這樣的改善將帶來新的行動，並形成良性循環，產生更多的學習與覺察。

要想快速獲得回饋，就需要確保行動的結果能夠迅速被看見。而行動是否需要一個月才能完成，還是現在就能執行，就會對取得回饋所需的時間產生很大的影響。所以團隊要能提出儘早獲得回饋的行動，並立即付諸實行，以確保能夠迅速獲得回饋。

即使是中長期的行動，也可以分解成短期的行動，逐步獲得回饋。如果在執行行動的過程中就能獲得回饋的話，那麼就更容易地對行動展開軌道修正，並逐漸接近理想的目標。

當建立起可以互相給予回饋的關係時，將促使溝通變得更加活躍，並且協作也會變得更加容易。所以請在團隊中營造一個能允許成員們互相給予回饋變得更加頻繁的環境吧。

精益專欄

單環圈學習和雙環圈學習

要理解本章中介紹的團隊自省心態，需要了解一些背景知識，那就是單環圈學習和雙環圈學習。

單環圈學習是指根據行動後產生的結果進行改進（改變策略、改變行動）的循環。

雙環圈學習是指在單環圈學習的基礎上，回到行動的結果，重新檢視前提和目的。也就是說，重新檢視「為什麼當初會採取那樣的行動」和「當時行動的目的是什麼」。然後在改善的過程中修正前提和目的，並制定新的策略再繼續採取行動。

如果不重新檢視前提和目的，改善就可能遇到瓶頸，停滯不前。若要突破這一點，需要採用雙環圈學習和培養**實驗精神** p.140 ，並嘗試採取與現有不同的策略。

請將第 2 章中所介紹的**經驗學習循環** p.42 與雙環圈學習一同納入考量，進行團隊自省的自省，以提高團隊自省的效果。

Chapter 07

團隊自省的引導

引導並不可怕

引導者的態度

引導者是「推手」

不追求正確答案

每個人都可以是引導者

引導並不可怕

在剛開始進行團隊自省時，可能會有許多關於引導（facilitation）的疑問。
該如何有效地與團隊互動呢？

引導者的心態

如果你成為了一位引導者，請不要先有負擔。從事前準備到團隊自省的進行，以及與團隊成員的互動，如果你一直覺得所有事情都必須由自己一個人承擔，成為引導者會變得非常困難和辛苦。

當你第一次擔任引導者時，可能會感到非常不安。首先，就讓團隊知道你的不安吧。在團隊中，大家可以互相幫助解決不安的部分。即使出現失敗，也不需要掩飾。將這些失敗轉化為經驗和學習，分享你的領悟給團隊成員，或者從團隊成員那裡得到他們的領悟，這樣團隊自省將會逐漸變得更好。

引導者是「推手」

在團隊自省會議中，引導者的角色並不是會議主持人。引導者是促進現場的氛圍的**推手**。此角色會鼓勵發言，引導討論，激發領悟，推動想法的發散和收斂，促進行動的具體化，並對團隊自省的各種資訊採取不同的方法。引導者會觀察團隊進行團隊自省的情況，觀察團隊成員的表情和動作，並依照當下的狀態促進對話的進行。

在進行團隊自省的過程中，可能需要運用平時不太使用的技能。然而，請不要將其視為負擔，而應該嘗試著樂在其中。那麼對於團隊自省的樂觀態度也會使身於其中時變得更加有意義。

不追求正確答案

在團隊自省的過程中，並不存在「正確的答案」或「正確的行動」。若心中有著「在團隊自省中希望團隊採取的行動」的想法，請先放下這個念頭。若一心追求「團隊自省的正確答案」，會使得團隊受到強烈的暗示和誘導。但是當團隊成員意識到被誘導時，並不會感到愉快，而且如果只有引導者一個

人在團隊自省中給出結論，就算是全員參與了團隊自省，也不會產生出超越之前提出的結論的成果。所以請從放下這個念頭開始。

請放心信任團隊，讓團隊接管這個過程。歡迎新奇的想法、有趣的意見，並與大家一起討論。這麼一來，就能夠產生意料之外的團隊自省結果。

每個人都可以是引導者

另一個常見煩惱，就是主管或 ScrumMaster 一直擔任著引導者的角色。一但團隊成員認為「團隊自省的引導者應由其他人擔任」，那麼當主管或 ScrumMaster 因假期等原因不在時，團隊自省活動就可能會突然停止。這樣的意識會使得團隊自省變成「被迫做的事情」而不是「我們自發性地做的事情」。

所以要向團隊成員傳達一個理念**每個人都可以是引導者**。由一名主要的引導者負責帶領，而其他成員則在自己擅長的方式裡協助團隊自省的引導。例如：

- 將想法視覺化到白板或便利貼上
- 提出發人深省的問題
- 深入探討有興趣的事項
- 用圖像表達發言
- 觀察整個場面
- 整理已出現的資訊

等等 ... 可以按照各自的方式進行，不必介意是否與其他人重疊。因為每個人都能以自己是一名引導者的身份參與。

一旦團隊成員熟悉了引導之後，就可以試著輪替主要的引導者。透過親身體驗擔任引導者時累積的經驗，團隊成員將能體會到比以前更能關注和影響其他人。

Chapter 08

了解如何進行
團隊自省

試試看各種團隊自省的手法

試試看各種團隊自省的手法

團隊已經熟悉整個團隊自省的過程。但感覺陷入了一成不變的固定模式。如果覺得沒有更好的方法擺脫這種狀況，那麼不妨嘗試看看不同的手法吧。

開始團隊自省 6 週後

雖然已經習慣了團隊自省，但我對每次都用一樣的手法感到有點厭倦了…

有時候，都用一樣的問題引導，會覺得跟團隊的狀況不相符…這的確有點困擾

團隊自省有很多的手法喔，你們看這本書有介紹。

讓我看 讓我看

一開始可能會覺得用同樣的方式進行團隊自省比較容易習慣。大家想試試其他手法了嗎？

贊成！

如果平常都是用「KPT」這個手法，或許可以試試「YWT」手法，聽說它也很有趣。

Y 做了什麼

W 學到了什麼

T 下一步將要做什麼

下次換我當引導者，這本書借我看一下，下次就試試看這個手法吧

麻煩你了

了解如何進行團隊自省

據估計有超過 100 種不同團隊自省的手法。在日本最著名的是 **KPT**（Keep ／ Problem ／ Try）[1]，但是 KPT [2] 也有很多的變化型。可是為什麼會有這麼多不同的種類呢？

這是因為根據團隊的特性和現況，就會創造出新的手法或對現有手法客製化。而新的手法通常會被公開在網站或部落格等，一但被更多人注意到，效果好的或通用化程度高的手法就會被收錄在書籍中。

了解不同的團隊自省的手法，能夠為團隊實現團隊自省的「目的」增加多樣的「手段」。既然團隊的情況和狀態每天都在不斷變化。那麼團隊自省的「目的」也應隨之而變。如果能根據當前團隊的「情況和狀態（目的）」選擇合適的「手法（手段）」，團隊自省將變得更有趣，也更具效果。

為了要增加團隊可以使用的手段，不妨勇於「嘗試新的團隊自省手法」。只要開始嘗試幾種新的手法，就會逐漸發現它們在什麼情況下適用。但是在使用手法之前，最好先理解該手法的目的與適用情境。通常手法的目的不一定會和自己的團隊的狀況相匹配。透過實際嘗試新手法後，根據手法的目的、團隊的狀況並與實踐結果中所獲的學習結合起來，就可以根據團隊狀況調整並客製化手法。

在這一章中，會按照使用場景介紹 20 種團隊自省手法，並詳細解釋這些手法適用的場景、它們的目的以及如何進行。希望這些內容能夠幫助你的團隊嘗試新的手法，並進行有效的團隊自省。

這一章中介紹的手法已整理於表 8.1 中。

---

[1]　「Keep（保持）」「Problem（問題・挑戰）」「Try（嘗試）」是一種透過這三個問題進行團隊自省的手法。在本章「11 KPT」 `p.198` 有詳細的解說。

[2]　還有其他類似的變化型，例如 KPTA、KPTT、TKPT、KWT、KJPT、KWS、KPT as ART 等等。本書就不詳細介紹了，有興趣的人可以在網路上查詢。

手法	步驟❶ 進行團隊自省的事前準備	步驟❷ 創建團隊自省的場域	步驟❸ 回想事件	步驟❹ 交流想法	步驟❺ 決定行動	步驟❻ 改善團隊自省	步驟❼ 展開行動
01 DPA		○					
02 期待與擔憂		○					
03 紅綠燈		○		○	○	○	
04 開心雷達		○	○				
05 感謝		○	○	○		○	
06 時間軸			○				
07 團隊故事			○	○			
08 Fun/Done/Learn			○	○			
09 五問法			○				
10 行動跟進			○	○	○		
11 KPT			○	○	○		
12 YWT			○	○	○		
13 熱氣球／帆船／高速車／火箭			○	○	○		
14 Celebration Grid			○	○	○		
15 小改善點子				○	○		
16 Effort & Pain/Feasible & Useful				○	○		
17 點點投票	○			○	○		
18 問答圈				○	○		
19 SMART 目標					○		
20 ＋/△			○			○	

表 8.1　本書介紹的 20 種手法

如何解讀團隊自省的手法

本章中，將根據以下項目來說明每種手法的內容。

▍使用場景

這裡介紹了手法可以應用在第 4 章中「如何進行團隊自省」的步驟 ❷ ～ ❻ 共五個步驟。

- 步驟 ❶ 進行團隊自省的事前準備
- 步驟 ❷ 創建團隊自省的場域
- 步驟 ❸ 回想事件
- 步驟 ❹ 交流想法
- 步驟 ❺ 決定行動
- 步驟 ❻ 改善團隊自省
- 步驟 ❼ 展開行動

也有一些可以跨越多個步驟使用的手法。請選擇各個步驟中要使用的手法，並仔細確認其內容，並想像整個流程是如何進行的，以評估所選擇的手法是否適合。

▍概述・目的

這裡將提供手法的概要以及說明使用該手法的目的。另外還提供了與其他不同手法的組合方式。建議可以嘗試不同的組合，找出適合目前團隊的新手法。

▍所需時間

這裡記載了使用手法所需的時間。此時間是指 5 ～ 9 人團隊，特定期間為一週，制定團隊自省所需的時間長度。如果團隊人數較多或團隊自省的特定期間較長，則可能需要比這裡記載的時間更長，請參考 ※3。

※3　根據團隊自省的特定期間與參加人數，以調整團隊自省的所需時間，請參閱第 1 章「什麼是團隊自省？」中的「團隊自省時的必備事項」 p.12 有詳細的解說。

進行方式

這裡記載了各種手法的操作步驟和預計所需的時間。同時也列出了在團隊自省過程中的提問內容和注意事項，因此，如果是初次使用該手法，可以按照此處「進行方式」的步驟一一嘗試。建議先在團隊中試用過一次之後，再根據團隊的情況和狀態作出調整。

莉卡的重點整理

這部分會說明使用手法時的重要要點。另外也會提供應對常見問題的解決方案，所以建議可以與「進行方式」一起閱讀。

團隊自省手法的選擇方式

初次進行團隊自省

如果對於初次在團隊中進行團隊自省感到不安，可以按以下手法的流程結構進行。

DPA ➡ KPT ➡ ＋／Δ

DPA ➡ YWT ➡ ＋／Δ

透過 **DPA** `p.155` 設定團隊自省的規則、接著利用 **KPT** `p.198` 和 **YWT** `p.204` 兩種易於理解的手法提出行動、最後使用 **＋／ Δ** `p.241` 進行團隊自省的改善。

在**第二次**及之後的團隊自省中，可以將 **DPA** 替換為**感謝** `p.171` 。在執行 **KPT** 和 **YWT** 後，使用**點點投票** `p.227` 來篩選想法，並透過 **SMART 目標** `p.236` 來具體化行動。在熟悉團隊自省之前，可以先按照這種組合手法多練習幾次。

感謝 ➡ KPT ➡ SMART 目標 ➡ ＋／Δ

感謝 ➡ YWT ➡ SMART 目標 ➡ ＋／Δ

一旦熟悉團隊自省後，請尋找最適合每個步驟的手法，並嘗試使用新的手法來替換。關於團隊自省的手法組合技，在第 10 章中有一些範例，也可以試試這些組合方式。

如果已經進行過多次團隊自省

如果已經進行過多次團隊自省，並且正在尋找新的手法，請先瀏覽一下 20 個手法的「概要・目的」或圖表。然後，嘗試找到適合每個團隊自省步驟的最佳手法，或者打開你感興趣的手法頁面，仔細閱讀。閱讀完畢後，請立即與團隊一起嘗試。由於第一次使用手法可能會不太順利，所以不要忘記進行「改善團隊自省」 p.115 。

在嘗試了多種手法，並且能夠根據團隊的情況和狀態靈活運用後，請試著跳出本書，嘗試尋找各種不同的手法，或自己創造新的手法。因為本書介紹的這些手法只是世界上眾多手法的一小部分。為了讓團隊自省能更加有趣，請創造出適合團隊的、獨有的、有特色的手法。若遇到困難時，再回來翻開本書，重新審視團隊自省的基本原則。你一定會發現，最初閱讀時沒注意到的細節，如今都會變得清晰可見而且也將會有新的想法。

如果你希望進一步探索團隊自省的世界，可以閱讀第 13 章「團隊自省的守破離」 p.295 。此外，在本書的末尾，「參考文獻」 p.314 中也提供了一些可以進一步深入了解團隊自省領域的資訊。希望這些資源能幫助擴展你對團隊自省的視野。

Part 3

08

創建團隊自省的場域

回想事件

交流想法

決定行動

改善團隊自省

手法01

DPA（Design the Partnership Alliance）

手法 01 | DPA（Design the Partnership Alliance）

使用場景

步驟 ❷ 創建團隊自省的場域

概述・目的

DPA（Design the Partnership Alliance）**是一種由全體成員共同制定團隊自省規則的手法**。透過全員一起制定規則，可以讓所有參與者都意識到自己是主動參與團隊自省的。因此，在團隊自省過程中，參與者之間的意見交換將會更加活躍。

請在下一次團隊自省時，首先確認已建立好的規則。**DPA** 可在首次進行團隊自省時使用，一旦規則建立完成，可在團隊成員更替的時機，或每 1～3 個月重新建立規則。

DPA 中只會做出兩項決定。

- 希望在團隊自省中營造什麼樣的氛圍？
- 為了營造這種氛圍，需要做些什麼？

接著，對這些內容交流意見，並**選擇所有人都能同意的選項**。

所需時間

無需事前準備。包括說明在內，約需 10～20 分鐘。

希望營造什麼樣的氛圍？　　　　要做什麼樣的事？

圖 8.1　DPA 範例

進行方式

❶ 在最初 5 分鐘，首先討論的是「希望在團隊自省中營造什麼樣的氛圍？」。其中先有 2 分鐘左右的時間，讓每個人將意見寫在便利貼上，接下來的 3 分鐘則用於分享和達成共識。請大家分享自己寫的便利貼，並選擇「所有人都能同意」的意見。已達成共識的意見就用圓圈或記號標記出來，以便明確辨識。

❷ 接下來的 5 分鐘，要討論的是「為了營造這種氛圍，需要做些什麼？」。同樣地，前 2 分鐘讓每個人將意見寫在便利貼上，接下來的 3 分鐘則用於分享和達成共識。如果「要做些什麼」也達成共識，請將已達成共識的意見也用圓圈或記號標記出來，以便明確辨識。

❸ 最終階段，將達成共識的意見貼在團隊自省過程中易於被看見的地方。接著，請所有人一起朗讀達成共識的內容，在進行團隊自省時，引導者就能協助團隊更容易的達成有共識的氛圍和行動。

如果有人違反了規則，無聲地指向規則會是個不錯的方法。無需用言語提醒，只需無聲地指向規則，對方就會明白。這樣的情況下，對方大概會露出

試試看各種團隊自省的手法

Part 3
08 創建團隊自省的場域

回想事件

交流想法

決定行動

自省 改善團隊

手法 01 DPA (Design the Partnership Alliance)

一副尷尬又不失禮貌的微笑説道「我犯規了，對不起」、「哈哈，我犯規了，我會注意的」。在線上進行團隊自省時，如果有人違反規則，可以將寫有規則的便利貼或文字物件移動到團隊成員能看到的地方。對此做出回應時，可以使用表情符號或貼圖等方式營造愉快的氛圍。

莉卡的重點整理

首先給每個人留一段時間獨自思考

每個人思考的方式都不同。有像光姐一樣，可以很快地提出腦海中的各種想法的人，也有類似小皮這樣的，需要在腦中仔細思考後才能提出一個完整的意見的人。如果每個人都像光姐那樣反應快，就可以直接略過這個步驟了。但是，大多數都是像小皮這樣謹慎的人，如果不先讓他們有一段獨自思考的時間，就突然開始討論的話，他們就很容易會被較強勢的人的意見所左右，而難以説出自己的意見。所以，一定要在開始討論之前，先讓每個人有一段獨自思考的時間。

每個人都至少發表一個以上的意見

在開始團隊自省時引導所有人這樣發言，會讓每個人都更容易發表意見。而且還能夠讓每個人意識到自己正在參與這次的團隊自省。當每個人將自己寫的便利貼寫好後，逐一發表分享出來。上述的做法若先經過團隊的同意，接下來的意見交換將會更加活躍，使團隊自省進行更加順暢。

規則太多真是個麻煩！

將所有能夠達成共識的事項整理起來，像這個也不錯，那個也可以，這樣就可以形成大約 10 個左右的規則。但在進行團隊自省時，要同時注意並遵守所有規則實在有點困難。一般情況下最多也只能意識到 1 個或 2 個，而且大部分人在團隊自省的過程中都會忘記這些規則。只有在偶然撇見規則時，才會想起它的存在。於此同時，就算有 10 個以上的規則被標記為重要，由於規則太多，可能也會讓人們失去興趣。所以在選擇規則時，請優先選擇「對於團隊最重要的是什麼」，並將規則數限制在 1 到 2 個。多的話也不要超過 3 個。

用高效的方法達成共識

如果要在短時間之內，從多個意見中選擇所有人都能同意的意見，如果沒有經驗，就很難做到。當有人強烈表達自己的意見並詢問「這樣可以接受嗎？」，可能會讓其他人難以提出不同意見，結論便會按照之前的意見而倉促決定。然後，可能有人內心想著「其實我並不同意 ...」。這樣的場面可能很常見。在這種情況下，不妨嘗試運用 **Roman Voting**（**羅馬投票法**）。

Roman Voting 是一種用來形成共識的方法，參與者會握緊拳頭，並用大拇指向上（贊成）或向下（反對），以判斷是否達成共識。然而，有些人可能不太喜歡大拇指向下的手勢，所以在這種情況下，可以使用手勢表示〇（同

試試看各種團隊自省的手法

Part 3
08
創建團隊自省的場域

回想事件

交流想法

決定行動

自省 改善團隊

手法 01

DPA (Design the Partnership Alliance)

意）或 X（不同意）。如果有一個人甚至多人不同意某個想法，那麼最好放棄採納它。建議選擇能讓所有人都一致表示支持並説出「做吧！」的想法。

一旦同意規則後就共同遵守

即使是「雖然不太情願但只能暫時同意」的事情，但只要全員都有**一旦同意規則後就共同遵守的意識，無論這些決定多麼微小**。首先嘗試遵守這個規則，並採取行動。這些小小的行動積累起來，就能在團隊中產生變化。如果嘗試了一些行動後發現它不適合，那麼就在團隊自省中分享為什麼不適合，然後逐步修改這些規則。

定期更新規則

最初制定的規則可能會包含很多抽象的表述，或者讓人懷疑「這真的可行嗎？」。對於後來加入團隊的成員可能會覺得「我為什麼要遵守這個規則？」不過，別擔心。規則並不是一成不變的。在團隊成員增加或替換後進行一次團隊自省，在開始時執行 DPA 並更新規則。

在更新規則時，可以參考之前的規則來考慮新的規則，也可以從頭開始重新制定。透過多次制定規則的過程，規則會變得更加具體，也會更符合團隊當前的需求。而參與團隊自省的意識也會隨之改變。

即使團隊已經相對穩定，也建議每三個月左右檢討一次規則，重新制定或修訂規則。

手法	
02	# 期待與擔憂

使用場景

步驟 ❷ 創建團隊自省的場域

概述・目的

期待與擔憂是**選擇團隊自省主題的合適手法**。透過分享團隊的「期待」，亦是團隊想要達成的目標，以及團隊所面臨的「擔憂」，透過分享這些期待與擔憂，來決定團隊自省中要討論的主題。

在選定團隊自省主題時，可以將「期待」和「擔憂」並列提出，也可以先提出「擔憂」，然後討論團隊希望實現的目標，然後在之後的步驟中實現這些「期待」。另外一種方式是，先提出「期待」，然後提出相關的「擔憂」，接著尋找解決「擔憂」的方法。至於何為先後，請根據團隊的情況和狀態作出最合適的調整。

當使用這個手法，在團隊自省的一開始就選定一個主題，根據已選定的主題，調整團隊自省的流程結構和問題設計。如果當場調整流程結構有困難的話，可以在團隊自省開始前，讓每個人寫下他們的**期待和擔憂**，並提前考慮團隊自省的流程結構。

所需時間

包含事前準備和說明，大約需要 10 ～ 15 分鐘。

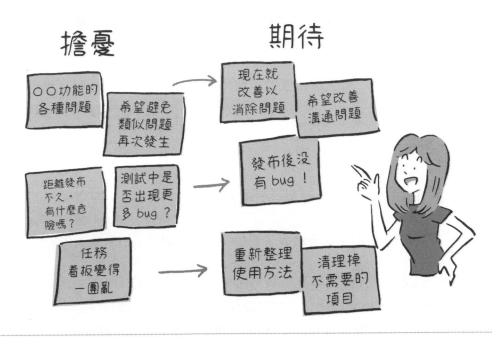

圖 8.2　期待和擔憂的範例

Part 3

08

創建團隊
自省的場域

回想事件

交流想法

決定行動

改善團隊
自省

手法
02

期待與擔憂

進行方式

以下將說明如何提出「期待」來解決「擔憂」的做法。

【事前準備】在白板上留出一個空白區域，寫上**期待和擔憂**兩個詞語。

❶首先，花大約 2 分鐘，每個人將「擔憂」寫在便利貼上。

- 目前有哪些擔憂？

- 遇到了什麼問題？

- 存在哪些不安？

- 未來可能產生哪些擔憂？

類似這些問題，請所有人在便利貼上寫下意見。

❷ 接著，用約 2 ～ 5 分鐘，共享自己已寫出的「擔憂」。每人輪流簡潔地分享自己寫在便利貼上的內容，然後將其貼到白板上。

❸ 接著，約 2 分鐘，每人將自己對「期待」的看法寫在便利貼上。

- 現狀中希望如何改變？

- 期望看到什麼樣的改變？

類似這些問題，請所有人在便利貼上寫下意見。

❹ 接下來，再次用 2 ～ 5 分鐘來分享每個人對「期待」的看法。

❺ 最後，從大家提出的「擔憂」和「期待」中，最多選擇兩個主題進行團隊自省。這些主題可以討論決定，也可以使用投票方式 [4] 進行決定。接著將選定的主題用大的字體寫在白板上，以便在團隊自省時作為提問使用。

莉卡的重點整理

注意不要對問題進行過度
深入的挖掘！

「擔憂」只需簡要説明，深入挖掘問題留給後續的手法來處理。常見的情況是，在討論「擔憂」的過程中，對單一問題開始討論並深入挖掘，卻沒有事先制定目標，造成討論時間太過冗長。**期待和擔憂**適合確定表面上的主題，但不利於深入研究問題。僅憑**期待和擔憂**，很難有效地視覺化問題的原因和結構，因此討論很容易變成空中論戰而迷失方向。因此，在這個階段，只需快速決定主題，在下一個階段深入討論。

---

[4]　關於投票方法，在本章的「17 點點投票」 **p.227** ▶ 有詳細的解説。

Part 3

08

創建團隊
自省的場域

回想事件

交流想法

決定行動

改善團隊
自省

手法
02

期待與擔憂

不要過度關注當前的問題

當開始寫「擔憂」時，很容易只關注當前的問題。但這個手法的價值之一，在於可以讓團隊提出未來可能的不安和擔憂。在提問的過程中，可以鼓勵團隊討論和提出與「未來」相關的不安和擔憂。透過調整手法，也可以修改成只收集「對當前的擔憂」或「對未來的擔憂」，然後再決定要討論的主題。也可以根據團隊的情況和狀態，試著變化一下提問的方式吧。

不必勉強提出擔憂也沒關係的

如果想不到有什麼「擔憂」或者不安，那麼也可以將重點放在「期待」上。有時候「期待」可能就是「擔憂」的反面，例如「我期待能做到○○（因為現在還做不到○○）」。即使沒有提到「擔憂」，也可能會因為提出「期待」而產生類似表達出「擔憂」的意見。也可以根據團隊的特性，考慮是否要將重點放在「期待」。

手法 03	紅綠燈

使用場景

步驟 ❷ 創建團隊自省的場域 | 步驟 ❹ 交流想法 | 步驟 ❺ 決定行動 | 步驟 ❻ 改善團隊自省

概述・目的

紅綠燈是指一種以燈號顏色來表達當前心情的手法。道具會用到三色圓點貼紙，在團隊自省的開頭和結束時，以三種顏色（紅色、黃色、藍色）來表達當前心情。透過在團隊自省過程中頭尾兩次的紅綠燈活動，將有助於視覺化這段過程前後的心情變化。此外，這也可用於大致瞭解團隊的心理健康狀況，還可以有效地讓團隊感受到團隊自省的效果。

如果顏色（心情）轉好了，那麼可以認為有一些好的效果。如果顏色（心情）變差了，可能是有某種不安因素增加了。也有可能是因為看到了之前未曾察覺的問題全貌，所以不安感增加了。在這種情況下，即使只是邁出了建立問題共識的第一步，也可以認為團隊自省是有效果的。有時候可能只是因為討論不足，造成了不安感增加，此時將成為重新檢視團隊自省進行方式的契機。

在團隊自省中，要解決所有問題是件困難的事。然而，透過紅綠燈，如果能感受到心情朝著積極面的變化跡象，那麼團隊就能透過這樣的變化，感受到團隊已朝著解決問題邁出了關鍵一步。

所需時間

包含事前準備和說明，大約需要 10 分鐘。

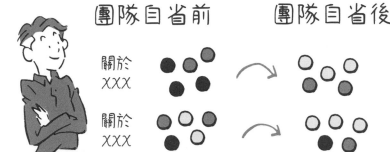

圖 8.3 紅綠燈範例

Part 3
08
創建團隊
自省的場域

回想事件

交流想法

決定行動

改善團隊
自省

手法
03
紅綠燈

進行方式

【事前準備】在進行團隊自省之前，準備三種不同顏色的圓點貼紙。這三種顏色可以使用紅綠燈的三種顏色（紅色、黃色、藍色），如果沒有這些顏色的貼紙，也可以使用其他顏色。在這種情況下，必須事先與團隊成員約定好每種顏色代表的含義。如果沒有圓點貼紙，也可以使用三種顏色的簽字筆。

❶首先，進行顏色說明。

- 紅色：有相當程度的不安或擔憂

- 黃色：有一些程度不安或擔憂

- 藍色：不擔心

以此方式，透過顏色來表達心情的程度。如果使用**紅綠燈**的三種顏色，很容易獲得所有人的理解，因此可以不用解釋顏色代表的含義，而是直接說明「使用紅綠燈的三種顏色來表達我們現在的心情」即可。

❷ 接下來，根據團隊自省的主題，使用圓點貼紙來表示當前的心情。請注意不需要在圓點貼紙上簽名或作標記。如果沒有特定的主題，只需要表示當前的心情也是可以的。透過詢問「為什麼選擇這個顏色」，也可能會產生候選的討論主題。當所有人都發言完畢後，一起看著內容，然後全體一起討論顏色趨勢。

❸ 在團隊自省的最後，也用圓點貼紙確認「現在的心情如何」。在團隊自省開始時貼的圓點旁邊，再一次用紅、黃、藍三種顏色來表達現在的心情。

❹ 等所有人貼完貼紙後，一起查看最初和最後的圓點顏色的差異，並討論團隊有哪些變化。

- 有什麼心情上的變化？

- 看起來會順利嗎？

- 還有哪些擔憂需要解決？

等等類似的提問，並進行約 5 分鐘的討論。

如果還有感到不安之處，請用便利貼將其記下並保存。如果有任何希望在當下就解決的不安，可以在這時候訂下另外的會議時間討論。在此處記錄到的不安，可以在下一次的團隊自省中確認是否有變化。

如果團隊自省的進行方式是造成不安無法消除的原因，那麼可以討論「在下一次團隊自省中如何能更好地進行」。

試試看各種團隊自省的手法

Part 3
08

創建團隊
自省的場域

回想事件

交流想法

決定行動

改善團隊
自省

手法
03

紅綠燈

莉卡的重點整理

試試各種手法的組合

紅綠燈是一個簡單易行的手法，所以很容易使用。而且，這個手法也可以用來縮小想法的範圍。例如，在進行**期待與擔憂** p.160 的手法時，如果對所有提出的期待與擔憂貼上圓點貼紙，就可以視覺化團隊中每個人的期待與擔憂程度。這樣一來，就可以優先處理最重要的期待與擔憂。縮小想法範圍的手法也在 **Effort & Pain／Feasible & Useful** p.224 、**點點投票** p.227 頁中介紹，因此請在各種場合中都嘗試使用看看。

如果圓點貼紙黏在白板上就麻煩了！

請注意不要直接在白板上黏貼圓點貼紙。這樣做的話會很難撕下，而且可能會損壞白板的表面。如果使用白板，建議將圓點貼紙貼在便利貼上，再將其貼在白板上，又或者使用白板筆代替圓點貼紙。對了，請務必不要用寫便利貼的簽字筆在白板上寫字，因為會很難清除，而且即使清除也有可能會留下痕跡。

手法 04	開心雷達

使用場景

步驟 ❷ 創建團隊自省的場域｜步驟 ❸ 回想事件

概述・目的

開心雷達是一種適合在短時間內，將**「團隊自省特定期間發生了什麼事」用三個表情符號來表達事件感受並共享資訊的手法。**

透過根據情緒的表情符號整理並喚起自己的記憶，可以注意到通常容易忽略的細微變化，也能正視自己的情緒，例如：「自己原來是這樣想的啊」。同時，也可以透過觀察團隊成員的情緒，了解彼此之間的差異，以及發現對團隊而言重要的事件是什麼。

所需時間

包含事前準備和說明，大約需要 10 ～ 20 分鐘。

Part 3
08
創建團隊
自省的場域

回想事件

交流想法

決定行動

改善團隊
自省

手法
04
開心雷達

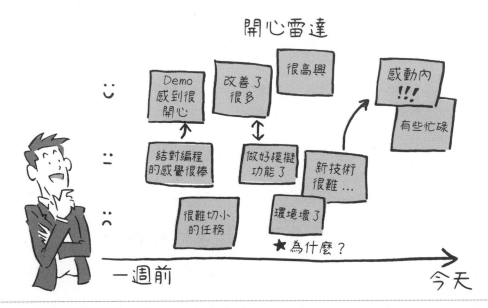

圖 8.4 開心雷達範例

進行方式

【事前準備】在白板上縱向畫上 3 種表情符號（笑臉、板著臉、困惑臉），並在橫向上畫時間軸。

❶ 首先，花 3 ～ 5 分鐘，將團隊自省的特定期間範圍內

- 做了什麼事情

- 發生了什麼事情

寫在便利貼上。不僅要記錄個人的活動，也要關注團隊的活動，從印象最深刻的事件開始寫。將寫出的內容按照三種情緒的軸線貼在白板上。不必嚴格將其分為三個階段，只要讓情緒的起伏變化能區分清楚即可。

❷ 接著，花 5 ～ 10 分鐘，簡要地分享自己貼在白板上的便利貼。在分享過程中，如果有任何「我也是這樣想的」、「我其實有不同的感受」等意見，請在新的便利貼上寫下並貼上。

- 讓團隊表達團隊發生了什麼

- 整個團隊對此有何想法

等等這類的內容。

莉卡的重點整理

當想不起來的時候…

如果有人想不起來發生了什麼事情，手了停下來，可以鼓勵他們看看其他人寫的便利貼，這對回想有幫助。如果便利貼已經寫了三張以上，就讓他們將便利貼黏貼到**開心雷達**上，然後邊看其他人的意見時，邊繼續回想自己的事情。如果回想起來需要更多時間，將回想的時間稍微拉長也是沒關係的。

只需要快速地共享資訊就好！

分享**開心雷達**時，**不需要深入探討每個觀點**。如果要使用其他手法提出想法，這裡的概述就足以能讓其他人瞭解了。每張便利貼的分享時間控制在 30 ～ 60 秒左右，簡明扼要地分享即可。不要逐一深入探討，而是標記重要的意見，在所有意見分享完畢後再進行深入探討。首要任務是讓所有人共享意見，以便掌握整體概念。

Part 3
08
自省的場域 創建團隊
回想事件
交流想法
決定行動
自省 改善團隊
手法
05
感謝

手法 05 | 感謝

使用場景

步驟 ❷ 創建團隊自省的場域｜步驟 ❸ 回想事件｜步驟 ❹ 交流想法｜步驟 ❻ 改善團隊自省

概述·目的

感謝是一種**在團隊自省過程中，透過回想團隊內發生的事件，彼此傳達對團隊成員的感激之情的手法**。在團隊自省的開始階段，表達對他人的感謝，這有助於為具備正向思維做好準備，就更容易提出積極的想法，同時有助於激發團隊的交流。在團隊自省的結束時，彼此表達感謝，可以讓團隊成員**對接下來的工作產生積極的動力**。

感謝是一種隨時都可使用的強大手法，用於提升團隊關係的質量。將它與其他手法結合使用也很有效。例如，在使用**時間軸** p.175 或 **KPT** p.198 手法時加入感謝，可以更容易引出積極的意見，並且從感謝中產生出新的想法。

即使彼此的信任關係微弱如風燭，也很少會有人因為對方表達真心流露的感謝而感到不愉快。而僅僅只傳達感謝之意，就能讓意見交換變得更容易。即使是遭逢失敗並感到沮喪的團隊，也能透過對彼此表達感謝，讓他們能積極面對並改變心情。所以請在各種場合中嘗試看看吧。

另外，推薦使用 **Kudo Cards**（感謝卡片） p.244 這個實踐方法。製作一個放感謝卡片的板子或盒子，可以每天用便利貼或卡紙記錄下感謝，然後貼到板子上或是放到盒子裡。在團隊自省中彼此分享這些感謝的內容。

圖 8.5　感謝範例

所需時間

無需事前準備。包括說明在內，約需 5 ～ 10 分鐘。

進行方式

❶ 從受到過幫助或有開心經歷的人開始，依序表達感謝，比如說「〇〇先生 / 女士，你幫我做了〇〇，我非常高興。謝謝你」一旦有人開始，其他人也會跟著表達，慢慢會引發更多的對話。

❷ 即使沒有人再發言，也請等待約 10 ～ 15 秒。如果一段時間內無人發言，就可以結束了。

建議的做法是將感謝的話寫在便利貼上。在平常時只要有了感覺，就在便利貼上記錄感謝的內容，然後在團隊自省中一起分享。或者，在團隊自省的過程中，也可以專門留出時間來寫下感謝的內容。

莉卡的重點整理

Part 3
08
創建團隊
自省的場域

回想事件

交流想法

決定行動

改善團隊
自省

手法
05
感謝

將感謝說出口

讓大家一起說出感謝！即使是覺得很小的事情，直接口頭表達感謝，也會讓表達感謝的人和接受感謝的人都變得更加積極向前。

具體地表達感謝

盡可能具體地表達自己的感謝，告訴對方自己為了什麼感到高興，或對自己來說對方的哪些行為是有幫助的。例如：「繪里，上週你幫我解決了關於引導者的疑慮，真的謝謝你。之前的那種迷茫的感覺一下子就消失了！」具體的感謝可以讓對方更清楚地知道你在感謝什麼，同時也能激發他們持續這樣的行為。

保留靜默的時刻也很重要

當沒有人說話時，沉默的時間的尷尬氣氛會讓人想趕快結束，並且轉換個話題。即使這時的氣氛是靜默著，但可能也有人在思考怎麼說出感謝的話，或者在衡量開口講話的時機。所以如果有這種靜默的時刻，請在心裡數 10～15 秒，稍微等一下再說。

讓每個人都多說一句話吧

讓每個人表達感謝這件事需要謹慎些，不要讓它變成一種強迫，但要知道感謝可以成為團隊自省變的正向積極的開關。不論多麼微小的事情，都可以試著引導出感謝的話語（正向的語言）。如果有人不太擅長主動開口，可以使用「發言幫手」 p.243 ，或是讓大家以聊天的方式，引出感謝的話題。

當然，在團隊自省以外的場合
感謝也很重要

如果在團隊自省時都能夠彼此表達感謝，也可以在團隊自省以外的場合試著表達感謝。無論是被幫助的時候、感到開心的時候，甚至是覺得很小的事情，都不要害怕表達感謝。如果不好意思當面說出口，可以像 Kudo Cards 的做法一樣，利用便利貼或卡片留言。這些感謝的累積，將會逐漸提升團隊的關係。

Part 3
08

創建團隊
自省的場域

回想事件

交流想法

決定行動

自省
改善團隊

手法
06

時間軸

手法 06 | 時間軸

使用場景

步驟 ❸ 回想事件

概述·目的

時間軸是一種**用於記錄團隊所經歷的事件和情緒並與全體成員共享的手法**。透過共享事實和情緒，整理團隊所擁有的資訊，將更容易提出改善的想法。透過共享情緒狀態，可以讓團隊成員更能感同身受，將團隊的事情視為「我自己」的事。

在**時間軸**上記錄事實：

- 發生了什麼
- 你做了什麼？

以及

- 你對此有何感想？

將這些情緒寫在便利貼上。例如，「感謝○○。幫我整理資料。當時我很開心」。

「開心」、「有趣」等正面情緒和「悲傷」、「感到困難」等負面情緒，請使用不同顏色的便利貼來表達。在白板上畫一條橫軸，以表示為時間軸，並將事實和情緒記載的便利貼貼在上面。

所要時間

包含事前準備和說明，大約需要 20 ～ 30 分鐘。需要注意的是，如果團隊自省的特定期間跨度較長，則建立時間軸就需要較長時間。

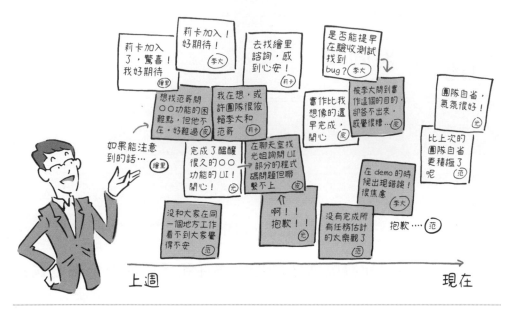

圖 8.6　時間軸範例

進行方式

【事前準備】準備兩種顏色的便利貼，分別代表正面和負面事件。同時，在白板上畫一條時間線。時間軸可以是橫軸，也可以是縱軸，具體取決於白板的空間。

❶首先，每個人在 8 ～ 12 分鐘內回想發生的事件，並將其寫在便利貼上。記下事實和情緒。並將正面和負面事件用不同顏色便利貼分開。

回想事件時，最好不要查看電腦或筆記，而是依靠記憶來回想。然後按照回憶的事件以先後順序寫下來。如果一開始就查看電腦或筆記，精神就會集中在抄寫內容，而思考就容易停滯。此外，事件的粒度會過度細化，導致大量便利貼被使用，使得其他意見的份量變得淡薄。

回想事件時，如果想不起來或卡住了，就把自己的意見貼在時間軸的差不多的位置上。然後，瀏覽其他人的便利貼，透過聯想方式再寫下剛想到的事

Part 3
08
創建團隊
自省的場域

回想事件

交流想法

決定行動

改善團隊
自省

手法
06
時間軸

件。如果對於便利貼上有「我認為」等內容持同意或反對意見，都可以新增一張便利貼來表達而不用擔心重複。如果手邊寫好的便利貼已經堆積起來了，可以自己率先貼上時間軸，這對其他人的聯想也是有幫助的。

如果上次團隊自省的行動有被執行過了，就把它作為事件記錄起來。寫下執行結果如何，以及感受如何。

❷ 接下來，將花費大約 10 ～ 15 分鐘內進行共享。按照時間順序，每個人依次分享其所寫的內容。在共享的過程中，優先考慮讓每個人都有機會分享自己的意見，同時注意避免部分成員的發言過於冗長。

在共享的過程中，也要留意事實和情緒的偏誤（不尋常之處），並進行討論。

- 是否可以觀察到在時間軸上的偏誤？
- 哪些事實在便利貼的顏色或數量上存在偏誤？

這些偏誤可以幫助我們更清楚地看到團隊應該專注的方向。表 8.2 總結了偏誤的範例、如何看待這些偏誤的想法，以及如何從這些偏誤中進一步獲取資訊的提問範例。

莉卡的重點整理

不要擔心重複，就寫吧

在大家發表意見時，往往會有「不要和別人重複意見」的想法，但在團隊自省時，可以嘗試放棄這種想法。不管是「完全相同的意見」還是「稍有差異但基本相同的意見」，都不要擔心，就寫下來分享。如果能夠知道有多人持有相同的意見，團隊就更容易產生「如果大家都有這樣的意見，就應該改變」

177

的意識。便利貼的數量可以清晰地視覺化團隊意見的規模。即使是和別人相同的意見，也要繼續寫下自己的想法並且貼出來。

偏誤	想法實例	引導性提問
在特定日期有相似的情緒偏誤	在當天的事件中，可能隱藏著團隊可以改善的想法	• 那天對我們來說有什麼意義？ • 是什麼讓我們在那天感到開心？ • 是什麼讓我們在那天感到困難？ • 我們在那天學到了什麼？
一個事實上聚集了許多情緒	在這個事實中，可能隱藏著團隊可以改善的想法	• 為什麼我們有相同的情緒？ • 沒有人產生了相反的情緒嗎？ • 過去有沒有類似的事實發生過？ • 這對我們來說有什麼含義？
一個事實卻有相反的情緒	在事實之外或在深入挖掘後，可能會表露出不同的情緒	• 這些情緒的衝突是什麼意思？ • 是否有其他未注意到的原因？
事實與情緒在特定日期上的數量很少	當日沒有什麼波瀾，很穩定，但也有可能因為其他日期的影響太大而被忽略了	• 這一天發生了什麼事情？ • 在這一天是否感到安心？ • 為什麼會沒有感受度過了一天？

表 8.2　偏誤範例和提取資訊的引導性提問

鼓 勵 自 主 發 言

在進行共享時，經常會看到主持人逐一拿起便利貼並念讀一遍給所有人聽，接著詢問「這張寫著○○的，是誰的意見？」這樣的做法可能會導致參與者重複回答類似的問題，並且主持人與參與者之間有太多冗余對話而造成拖延。因此，在前述的情境中，建議**由參與者自行決定，想說話的時候，接著上一個發言繼續說**就可以了，並不需要按照順序逐一朗讀便

試試看各種團隊自省的手法

Part 3
08
創建團隊
自省的場域

回想事件

交流想法

決定行動

改善團隊
自省

手法
06
時間軸

利貼的內容。這樣可以確保意見的交換更有效率、節奏順暢。儘管在發言時最好按照時間順序，但並不一定需要嚴格遵守。

把發言內容一一記下來吧

由於在討論時，發言者可能會說出便利貼上沒有寫出的資訊。而這些發言正是所有人應該共享的寶貴資訊。何況發言者在說話時，很難做到發言的同時，還在便利貼上加上補充。因此，其他人可以協助將資訊補充到便利貼或白板上。可以添加註記，用箭頭連接便利貼，移動便利貼等。這些做法不只是由主持人等特定人來做，而是所有參與者的共同任務。所以當有人在發言時，要抱持著為所有人記錄資訊的意識。

這個技巧不僅適用於時間軸，也可以在日常的討論中使用。如果只是用言語進行交流，很容易變成不著邊際的空中論戰，而沒有注意到討論的焦點已經轉移。利用這個技巧，讓團隊一起進行有效的討論吧。

將便利貼的顏色或位置賦予意義
能帶來額外的好處

使用多種顏色的便利貼來分類情緒也是能帶來樂趣的做法。不過，如果顏色太多，可能會使整理變得困難，所以最好使用大約四種不同的顏色即可。如果沒有多色的便利貼，也可以根據黏著位置的高低來表示情緒的高低。

此外，如果想詳細了解每個人在做什麼、感覺如何，可以用不同顏色區別參與者的發言也是一個不錯的做法。便利貼的應用方式還有很多，大家一起來探索更有用的方式吧。

手法	
07	# 團隊故事

步驟 ❸ 回想事件｜步驟 ❹ 交流想法

團隊故事是一種**專注於團隊的溝通和協作，以促進提升團隊關係與思考質量的手法**。

按時間順序回憶發生了什麼事，團隊內部經歷了什麼樣的溝通與協作。接著，討論如何增加溝通和協作方面的想法。

為了提升團隊的溝通與協作，單靠領導者主導的方式並不總是有效的，例如下命令「為了改善溝通，讓我們做○○」。然而，作為一個團隊，

- 什麼是良好的溝通？

- 什麼是良好的協作？

- 團隊應該採取哪些行動才能提升溝通與協作？

透過這樣的對話，將問題具體化，使其與每個人有關聯，這樣有助於自然地形成最適合團隊的溝通方式。就算沒有具體的想法，也請放心。在這個討論中，即使只是談論，這些內容也會植根於團隊的心中。這些討論的內容將在團隊的日常活動中自然地得到應用和實踐。

Part 3
08
創建團隊
自省的場域

回想事件

交流想法

決定行動

改善團隊
自省

手法
07
團隊故事

所需時間

包含事前準備和說明，大約需要 30 ～ 40 分鐘。然而，如果團隊自省的特定期間為較長的時間跨度，創建團隊故事就需要更長的時間。

圖 8.7　團隊故事範例

進行方式

團隊故事分為以下三個步驟進行。

① 構想故事

② 分享故事

③ 討論溝通和協作

接下來將會逐步說明這三個步驟。

【**事前準備**】準備兩種顏色的便利貼。同時，在白板上畫一條「路線」。充分利用整個白板空間，從過去（上一次的團隊自省）到現在，繪製出一條路線。白板上的這條路線以及貼在上面的便利貼就是故事。透過所有成員的共同參與，創作出團隊的故事，這就是名為**團隊故事**的手法。

▌① 構想故事

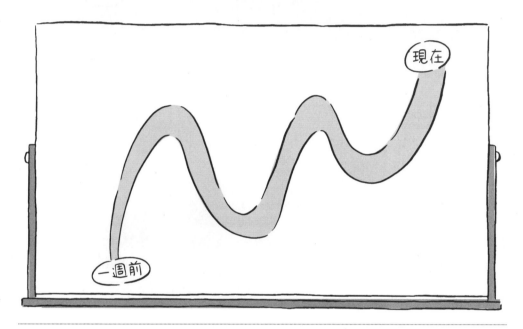

圖 8.8　事前準備在白板上畫出一條路線

畫好路線後，用 8 ～ 12 分鐘回憶發生的事件。將自己做過什麼或發生的事情寫在第一種顏色的便利貼上。此外，將團隊成員之間進行了哪些溝通或協作寫在第二種顏色的便利貼上。例如，「和〇〇一起檢查資料」、「與〇〇討論產品並得到建議」等等，只要是兩人以上一起做過的事情，無論大小，都可以寫下來。

當手上有三張以上的便利貼時，或者思緒卡住時，就先將便利貼貼在白板上，逐步建立起團隊故事。貼便利貼時，無需嚴格按照時間順序，可以大致

Part 3
08
創建團隊
自省的場域
回想事件
交流想法
決定行動
改善團隊
自省
手法
07
團隊故事

地沿著白板上的時間線,將**團隊做過的事**、**發生過的事**、**溝通和協作**的便利貼一併貼上。此時,請將相關內容的便利貼貼在一起。

此外,如果覺得沒有什麼可寫了,可以看看已經貼在板上的故事。如果因此聯想到任何事情,可以寫下來,並添加到團隊故事中。舉個例子,如果在其他人所描述的故事中提到了與自己的溝通和協作,也可以換個角度從自己出發,提出另一個角度的觀點,並重新添加到團隊故事中。

②分享故事

接下來,用 10 ～ 15 分鐘的時間內,共享團隊一起構建的**團隊故事**。按照時間順序並以明快節奏的方式依次分享。按照時間順序進行共享的基本要點與**時間軸** p.175 相同,如有需要,請參閱。

在分享故事的同時,

- 這些溝通和協作對團隊有什麼影響?
- 這些溝通和協作導致了什麼結果?

討論這些結果和影響,並寫在第二種顏色的便利貼添加到故事中。

③討論溝通和協作

最後,在 10 分鐘的時間內,根據②中提到的溝通和協作,討論

- 我們可以做些什麼來進一步改進溝通?
- 我們可以做些什麼來促進更積極地協作?

把這些討論的內容添加到匹配的故事中。

在這裡，最好也能討論一下在團隊討論中發現的溝通模式，以及那些想要實現卻尚未實現的協作方式。除了討論團隊問題，也可以思考採取哪些措施才能實現團隊目標。透過正向的主題來推動討論，可以活絡團隊成員之間的溝通。

莉卡的重點整理

在這次的團隊自省加強
關注溝通和協作吧

在**團隊故事這個手法裡，強調的是關注溝通和協作**。討論「溝通和協作」這一主題本身就有助於提升溝通和協作的能力。透過全體成員的合作，將討論的內容寫下來並視覺化，就能共同提出新的想法。

注重溝通和協作的概念也可以
用在其他手法

團隊故事和**時間軸** p.175 　一樣，都是回憶發生事件的類似作法。特別之處在於它包含了有關溝通和協作的提問問題。反過來思考，如果將這些提問納入**時間軸**，那就可以像**團隊故事**一樣應用它。請抓住本質，嘗試將它應用於各種不同的手法中吧。

Part 3
08
自省的場域
創建團隊
回想事件
交流想法
決定行動
自省
改善團隊
手法
08
Fun／Done／Learn

手法 08 ｜ Fun／Done／Learn

使用場景

步驟 ❸ 回想事件｜步驟 ❹ 交流想法

概述·目的

Fun／Done／Learn（樂趣／完成／學習）是**基於 Fun · Done · Learn 三個軸為基礎，涉略團隊的學習與覺察、行動和成就、已實現的目標等範圍的團隊自省手法**。而 Fun 軸是在其他手法中沒有的，它可以幫助團隊回憶起愉快的經歷，並激發團隊在未來的活動中追求樂趣的意識，從而為團隊注入活力。

Fun／Done／Learn 手法中並沒有明確提及「如何進行下一步行動」。因此，將它與「步驟 ❺ 決定行動」的方法結合使用，有助於推動團隊的改善。

所需時間

包括事前準備和說明，大約需要 30 分鐘。

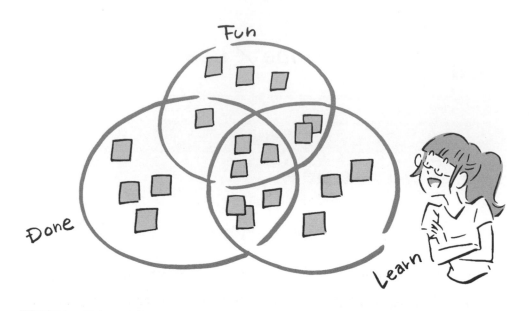

圖 8.9 Fun ／ Done ／ Learn 範例

進行方式

【事前準備】畫出 Fun・Done・Learn 三個大圓。如果直接畫出重疊圓圈有困難，可以先畫出三個圓圈重疊的部分，如此會比較容易繪製出漂亮的三個圓圈。

❶ 首先，在 10 ～ 15 分鐘內，每個人將團隊活動中屬於 Fun・Done・Learn 的事件、情感、感想、學習和收穫等，寫在便利貼上並貼到白板上。

以下表 8.3 為 Fun・Done・Learn 的提問範例。

Fun・Done・Learn 的定義可以提前說明，也可以不說明，兩者都可以。在團隊一起討論的過程中確定什麼是有趣的、完成的、學到的事情也是不錯的做法。

試試看各種團隊自省的手法

Part 3
08
創建團隊
自省的場域

回想事件

交流想法

決定行動

改善團隊
自省

手法
08
Fun / Done / Learn

Fun	• 有哪些讓你感到開心的事？ • 有哪些有趣或讓你有興趣的事？
Done ※5	• 團隊完成了那些事？ • 團隊有意識的進行了那些事？
Learn ※6	• 學到或領悟到什麼？ • 有什麼印象深刻的事？

表 8.3　Fun・Done・Learn 提問範例

❷如果手上有三張或更多的便利貼，就將它們貼到白板上的 **Fun ／ Done ／ Learn** 的圓圈區域裡。對於將其分別貼到 Fun・Done・Learn 的單獨區域，或者貼在區域交集的部分，這取決於個人的判斷。

❸當每個人的便利貼都寫完後，用 10 ～ 15 分鐘的時間看看 Fun ／ Done ／ Learn 的白板並進行討論。以下是一些可以討論的內容範例。

- 有哪些趨勢？我們希望如何改變這些趨勢？
- 對團隊而言，什麼是有趣的事情？我們如何增加這些有趣的事情？
- 對團隊而言，那些是完成的事情？我們如何增進做事的效率？
- 對團隊而言，什麼是可以學習的事情？我們如何促進更多的學習？
- 有價值的 Fun・Done・Learn 有哪些？
- 有有哪些事情不符合 Fun・Done・Learn 的定義？為什麼？
- 我們下一步想採取哪些行動？

※5　關於 Done 的問題。在第 9 章「團隊自省的要素和問題」中的「事實（主觀與客觀／定性與定量／成功與失敗）」，p.248 有詳細的解說。

※6　關於 Learn 的問題。在第 9 章「團隊自省的要素和問題」中的「學習與覺察」，p.254 有詳細的解說。

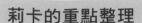

莉卡的重點整理

享受這段試錯的過程吧

Fun、Done、Learn 各自代表什麼意思，此手法中並沒有明確的定義。因此，團隊可以一起討論和共同制定這些定義。在實踐 **Fun ／ Done ／ Learn** 的過程中，請勇於試錯並試著樂在其中。在解釋了這個手法的目的（自己決定如何進行、玩得開心等）之後，鼓勵團隊創建屬於自己的行事方式。

例如，由便利貼撰寫者以外的人，將便利貼依 Fun・Done・Learn 來分類也是一種有趣的作法。所以請嘗試各種有趣的方法吧。

列出不符合 Fun・Done・Learn 的事情
也是一種方式

在團隊自省過程中，有時也會出現 Fun・Done・Learn 以外的意見。這些意見不必需將其捨棄。如果提出的意見都不屬於 Fun・Done・Learn 中任何一個圓，就將它貼在圓圈之外。在圓圈之外的意見也可能給團隊提供有價值的啟發。

Part 3

08

創建團隊
自省的場域

回想事件

交流想法

決定行動

改善團隊
自省

手法
09
五問法

手法
09 | 五問法

使用場景

步驟 ❸ 回想事件 ｜ 步驟 ❹ 交流想法

概述·目的

五問法是一種，**透過對某個特定事件反覆提問「為什麼」，來探索該事件的原因和因素的手法。**

正如**五問法**的名稱所示，透過重複五個階段「為什麼」的問題，可以更容易一層層地揭示出事件的深層原因（當然，也可能少於四個階段或多於六個階段「為什麼」）。如果覺得無法進一步挖掘事件，可以轉換探討的焦點，使整個探討過程更加深入廣泛。

這個手法不僅可以用來深入探討問題，也可以用來**挖掘正向的方面**。比方可以用來尋找「為什麼會成功」「為什麼會做得好」等原因。此手法可以單獨使用，也可以與其他手法結合使用，例如**時間軸** p.175 和 **KPT** p.198 等，以便更深入挖掘因素。這個手法不僅適合用於團隊自省，而且適用於任何場合，因此在日常工作中也請務必利用它。

所需時間

無需事前準備。包括說明在內，約需 10 ～ 15 分鐘。

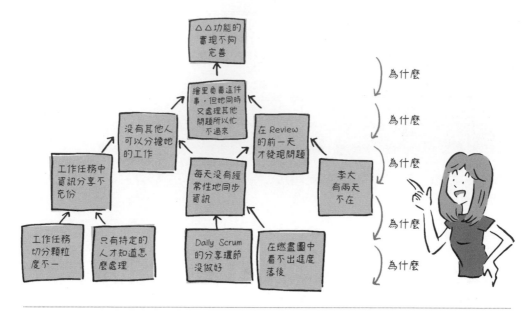

圖 8.10 五問法的範例

進行方式

❶針對成功的事件或問題：

- 為什麼成功了？

- 為什麼失敗了？

- 在那個時候發生了什麼？

- 為了什麼目的進行這個行動？

- 有哪些因素影響了這個情況？

透過這些提問來深入探討因素，一個事件可能有一個或多個因素。所以需要從不同的角度來思考，列出所有的可能因素。

接著將提問得出的因素寫在便利貼上，貼在原始事件或原始因素的下方，並用線條連接起來。這樣可以清晰地顯示因果關係。

❷ 將因素深入探討完一層後，針對已經明確的因素，再進行第二層的因素探討。

透過反覆進行 ❶ ❷，將因素以樹狀結構逐層深入探討，從而揭示出根本的因素。

這個手法可以採用個別成員單獨挖掘因素的方式，也可以在全體成員共同討論中挖掘因素。如果要花費較長時間，從多個角度來深入探討因素，可以先由每個人各自深入探討，再分享結果。如果無法理解或認同團隊成員提出的因素，請立即出聲詢問。如果只是解釋不足，可以將回覆內容添加在因素的便利貼旁邊。如果發現不同的因素之間有相關性，請在兩者間畫上關聯線。這樣一來，複雜交織的問題樹狀結構就會逐漸形成。

搭配 **KPT** p.198 或其他手法時，只要覺得需要深入探討要因，可以使用此手法。如果在全體成員共同討論的過程中進行要因的探討，將更有助於加深團隊對事件的理解。

在進行「為什麼」的反覆探問時，請確保因素不會形成迴圈。在進行幾個階段的深入探討後，有時候可能會不自覺地出現相同的因素。在這種情況下，請嘗試改變「為什麼」的探問角度，檢視是否存在其他不同的因素。這有助於避免重複的情況出現。

當所有人一起完成樹狀圖後，就來檢視最根源的「根本因素」。如果是成功事件的根本因素，請考慮如何將該因素推廣給團隊中的每個人，或如何重複該因素。

若是對於問題的根本因素，可以考慮以下觀點制定行動

- 哪些方面的改進可以解決問題？
- 從何處開始著手，以分解問題並逐步解決？

透過這些視角來思考並制定行動，有助於解決問題或改善情況。

Part 3

08

創建團隊
自省的場域

回想事件

交流想法

決定行動

改善團隊
自省

手法
09

五問法

莉卡的重點整理

嘗試變換「為什麼」的提問方式

有些人會覺得「為什麼、為什麼」的提問方式，就感覺像是在被逼問。為了避免這種情況，可以改用「為什麼」以外的提問，例如**「是什麼原因」****「做了什麼」「發生了什麼」「為了什麼」**等等。這些提問的表達方式比「為什麼」更加溫和，不容易讓個人感到追問的壓力。有時候，用這種提問方式反而更容易獲得被問者的心理上的認同感。而且因為提問的方式不同，會讓人想起不同的資訊。所以，請嘗試使用不同的提問方式，來引導對方回答。

不要對個人進行批評

當專注於問題時，有時候可能會導致將問題歸咎於某個特定人員的行 或問題。例如，就像第 6 章中遇到的情況，當出現「本週的進度為 0」的問題時，深入挖掘原因的過程中，可能會導致「李大提出的要求過於龐大」這樣的批評。這不僅不利於問題的解決，還可能導致團隊關係的惡化。

在深入挖掘問題時，應該客觀地列舉事實。例如，當出現「本週的進度為 0」的情況時，其原因可能是「沒有先了解需求就開始工作」，然後進一步挖掘可能會發現「覺得了解需求和工作全貌的活動會花費太多時間，所以沒提前做」、「明明知道需要新技術，但出於過度自信的想法而沒有進行充分的研究」等等。

Part 3
08
創建團隊
自省的場域

回想事件

交流想法

決定行動

自省 改善團隊

手法
09
五問法

所以在深入挖掘問題的過程中，不要把問題歸咎於某個人，而是要將問題連結到團隊整體的溝通、協作和流程等問題，並且由團隊一起解決。

讓它成為「互相協助的為什麼」

即使客觀地列舉事實，但與問題原因有關的人還是覺得像是被批評了，感到不舒服。在這種情況下，要讓所有人了解**「我們不是在追究個人的責任，而是透過彼此互相協助，共同尋找問題的解決方法，找出要因。」**

一旦只要有人感覺被指責，並試圖進行防禦或辯解，就可能不會產生任何有建設性的結果。所以在團隊自省中，應該關注的不是追究失敗或責任，而是大家一起想出下一步的行動。

如果找到了團隊外部或環境中的因素，請試著改變一下視角

在深入挖掘團隊問題時，有時會發現問題的根本原因在於團隊外部，或者存在於圍繞團隊的環境中。在這種情況下，可能會感到「我們對此無能為力」，而不知道該如何處理問題。例如，當遇到「我們一直在外部的〇〇那裏尋求幫助，但他一直沒有採取行動」的情況。這時候可能會有人説「沒辦法了，只能等待了吧」，但這種態度是否合適呢？

當發生這種情況時，請試著改變一下視角。也許不是對方的問題，而是請求的方式不正確；也許因為他的工作太忙，沒有空理會他人的請求；也許是請求的重要性沒有傳達清楚。如果這樣思考，就會看到有很多不同的方式來應對問題。所以從不同的角度探索問題的根本原因是非常重要的。

手法	
10	# 行動跟進

使用場景

步驟 ❷　創建團隊自省的場域 ｜ 步驟 ❸　回想事件 ｜ 步驟 ❹　交流想法

概述·目的

行動跟進是一種**重新評估過往團隊自省行動的手法**。在過往團隊自省產出的行動中，其中有些行動可能會持續進行，有些則可能只執行一次就中斷了。所以請重新評估這些行動，並討論創建新行動的想法。建議將過去 1～3 個月內執行的行動納入重新評估的範圍。

如果已經執行了某些行動，請務必確認其效果。有些行動可以透過升級為更好的行動，從而推動團隊更進一步，而有些行動可能已經不再需要執行。

有些行動不再執行的原因各不相同，有些可能是由於特定原因而不再執行，而有些可能僅僅是被遺忘了。在這些行動中，需要對它們重新分類，以確定哪些需要重新執行，哪些不再需要。所以請對過去的行動進行盤點，並重新審視團隊需要再次執行的行動。

行動是根據執行狀況分為以下五種狀態。

- **Added**　　追加後尚未執行的行動
- **Doing**　　正在執行的行動
- **Pending**　已開始但目前沒有進展的行動
- **Dropped**　已執行但不繼續的行動
- **Closed**　　已執行並完成任務的行動

Part 3

08

創建團隊
自省的場域

回想事件

交流想法

決定行動

改善團隊
自省

手法
10

行動跟進

Added 是尚未執行的行動。在上次團隊自省中新增但尚未執行的行動，請將其分類為 Added。此外，如果 Added 中累積了很多行動，可能是因為這些行動不夠具體。稍後請再次檢查這些行動是否能變得更加具體。

Doing 是正在執行的行動。在上次團隊自省中產生的行動，直到本次團隊自省仍處於 Doing 狀態，則有可能的原因是行動的規模太大了。在這種情況下，請將行動分解成數個小行動，一點一點地進行改變。

Pending 是已開始但目前沒有進展的行動。如果在最近的 1 ～ 2 次團隊自省中仍有許多行動處於 Pending 狀態，那麼有可能是這些行動不夠明確，難以完成。在這種情況下，建議需要限制或減少行動的數量，並檢查 Pending 狀態的行動是否能變得更加具體。

Dropped 是曾經執行過，但未持續下去的行動。如果在 Dropped 狀態的行動數量很多，可以推測團隊沒有選擇對團隊來說有效的行動。如果行動不是為了團隊，而是為了某個人，也可能導致 Dropped 狀態的行動數量增加。如果 Dropped 狀態的行動數量增加許多，那麼就應該重新檢討行動的制定方式。

Closed 是已完成任務的行動。這可能包括只需執行一次就可以完成的行動，或是因持續的執行而成為團隊文化的一部分，不需要特別的意識即會被執行的行動。Closed 狀態的行動數量愈多，說明團隊在持續改善方面做得越好。

將行動分為上述的五種狀態，以便考慮下一個階段的行動。

所需時間

包含事前準備和說明，大約需要 10 ～ 20 分鐘。

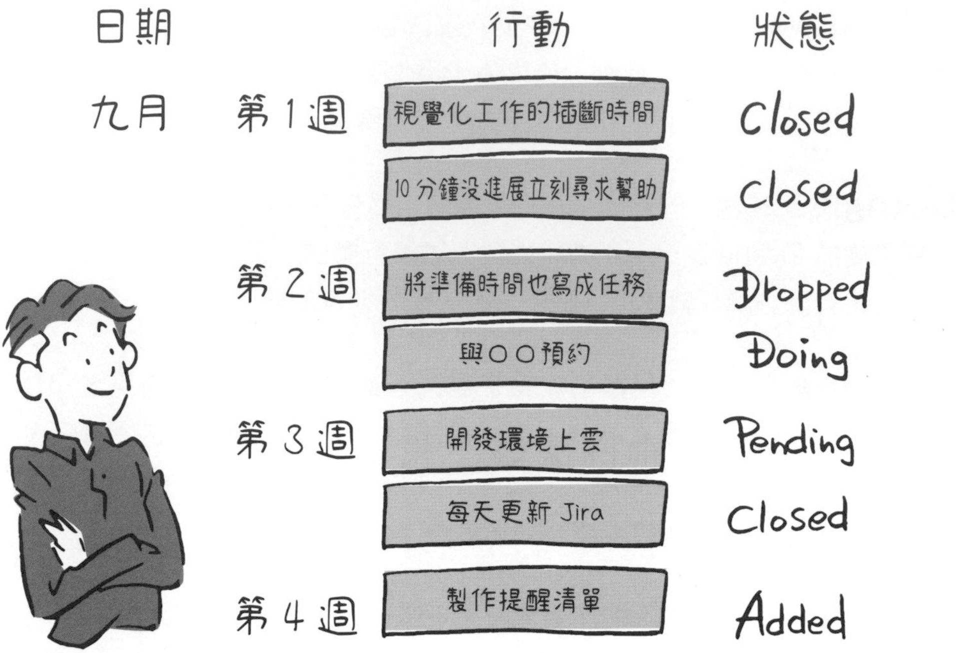

日期		行動	狀態
九月	第 1 週	視覺化工作的插斷時間	Closed
		10 分鐘沒進展立刻尋求幫助	Closed
	第 2 週	將準備時間也寫成任務	Dropped
		與〇〇預約	Doing
	第 3 週	開發環境上雲	Pending
		每天更新 Jira	Closed
	第 4 週	製作提醒清單	Added

圖 8.11　行動跟進範例

進行方式

【**事前準備**】準備便利貼和過去行動的清單。

❶ 首先，用 3 ～ 5 分鐘，將之前的行動分成 Added、Doing、Pending、Dropped 和 Closed 這 5 類，並在每個行動旁邊寫上對應的狀態。

❷ 接著，用 3 ～ 5 分鐘，在 Added、Doing、Pending、Dropped 的行動中，討論哪些行動在未來不需要執行，哪些行動已經失去價值，將它們移到 Closed 的部分。

❸ 最後，用 3 ～ 5 分鐘，對於在 Added、Doing、Pending、Dropped 中特別重要的行動進行討論。如果這些行動不夠具體，或者需要更改內容，請討論如何修改，並將修改後的行動作為新的行動來使用。

試試看各種團隊自省的手法

Part 3
08
創建團隊
自省的場域

回想事件

交流想法

決定行動

改善團隊
自省

手法
10
行動跟進

莉卡的重點整理

不僅要檢視行動的內容，
還要關注行動的趨勢

觀察行動的狀態是 Added、Doing、Pending、Dropped 的數量與比例，從中試著找出趨勢，並一起討論為何會有這樣的趨勢。這將有助於重新檢視團隊自省的進行方式和行動的執行方式。

不必要的行動就果斷地丟掉吧

在對行動作狀態盤點時，如果出現「這也要做，那也要做」「那個還是留著比較好」這樣子猶豫不決的掙扎，那就果斷地放棄所有猶豫不決的行動。除了真正必要的行動之外，將其它行動都移到 Closed 狀態，就讓它們消失吧。如果不想這樣做，就將這些行動視為任務，排入工作日程中，確保必定執行。如果行動積累過多，可能會失去幹勁，因此請選擇重點執行的行動，並確實付諸行動。

手法	
11	**KPT**

使用場景

步驟 ❸ 回想事件 ｜ 步驟 ❹ 交流想法 ｜ 步驟 ❺ 決定行動

概述・目的

KPT（Keep、Problem、Try）是一種根據團隊所經歷的事件，**提出 Keep（保持）、Problem（問題）、Try（嘗試）三個問題，以獲得關於團隊改善的想法的手法**。特別是，「Problem」這個問題很直觀，非常適合用來識別團隊的問題並推動改善循環。

在 KPT 中，**首先回想在團隊自省特定期間內所進行的事件**。然後按照 Keep（保持）、Problem（問題）的順序提出想法。接著，列出如何加強 Keep 以及解決 Problem 的想法，並將其作為 Try（嘗試）的內容記錄下來。最後，從 Try 中選擇團隊下一步要採取的行動。透過這樣的流程，團隊就能制定出能夠讓團隊進步的行動。

所需時間

包含事前準備和說明，大約需要 60 ～ 90 分鐘。需要注意的是，團隊自省的特定期間越長，回想事件的所需時間就越長。

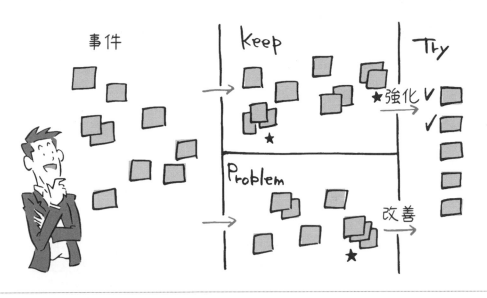

圖 8.12　KPT 範例

Part 3
08
創建團隊
自省的場域
回想事件
交流想法
決定行動
改善團隊
自省
手法
11
KPT

進行方式

【事前準備】在白板上畫出事件、Keep、Problem、Try 的四個空白區塊。雖然不是必需的，但準備四種顏色的便利貼可以讓這個過程變得更有趣和多彩。

進行 KPT 時，依照以下順序討論。

① 回想事件

② Keep（保持）的創建與分享

③ Problem（問題・挑戰）的創建與分享

④ Keep・Problem 的因素探討

⑤ Try（嘗試）的候選項審查

⑥ Try（嘗試）的創建與分享

⑦ Try（嘗試）的決定

▎① 回想事件

首先，在 8 ～ 12 分鐘內，回想自己或團隊在特定期間內所經歷的事件。

- 團隊所遇到的事件

- 團隊所執行的行動

- 團隊所嘗試的事項（上次團隊自省產出的行動）

無論是多麼小的事情，都記錄到「事件」欄中。

回憶事件可以使用的手法有 **開心雷達** ▸ p.168 、**時間軸** ▸ p.175 、**團隊故事** ▸ p.180 、**行動跟進** ▸ p.194 、**YWT** ▸ p.204 （Y 的部分）。請根據需要嘗試組合使用。

▎② Keep（保持）的創建與分享

接下來，在 5 ～ 8 分鐘內，提出關於 Keep（保持）的內容。根據 ① 回想事件中的產出，每個人在便利貼上寫下自己的想法。可以寫下對自己或團隊來說，需要繼續做的事情、好的事情、成功的事情等等。但此時，請暫時不要將這些便利貼貼在白板上。

每個人在寫完想法後，在 5 ～ 8 分鐘內，全體成員一起分享這些想法。為了能保持分享過程順暢，可以使用 **Round Robin** 這個方式。這將有助於確保每個人都有機會分享自己的想法。

Round Robin 這個方法，是讓每個人按順時針方向輪流發言，每輪每人發言一次，並將手中的便利貼趨前貼到白板上（圖 8.13）。一直持續到所有人表示自己沒有更多的發言為止。在輪流發言時，如果有人發言與自己寫下的想法相同（或相似），可以在合適的時機舉手插隊發言，並表示「我也認為是○○」，然後貼上便利貼在接近的位置上。透過這種方式，可以自然地進行共享和想法的分群 [7]。

※7　Round Robin（輪流發言）也可以與其他手法一起使用。請在分享事件和想法時有效地使用它。此外，發言的順序也可以往逆時針方向輪流。

Round Robin 發言方式
逐一發表內容並貼在白板上，若有相同想法，則貼在相近位置。
持續至每人發表完想法為止。

圖 8.13 Round Robin

③ Problem（問題）的創建與分享

現在是共享 Problem（問題‧挑戰）的時候了。與 Keep 一樣，給個人 5 ～ 8 分鐘的時間來寫便利貼，並用 5 ～ 8 分鐘的時間來分享它們。除了個人和團隊當前的問題和挑戰之外，還可以表達對未來風險和擔憂的看法。

④ Keep‧Problem 的因素探討

在進行 Keep‧Problem 的共享後，再進行 5 ～ 8 分鐘的全體討論，以深入探討其背後的因素。例如，Keep 是「資訊共享很順利」，那是什麼因素發揮了作用使它順利進行的呢？在 Keep‧Problem 的所有想法中，團隊需要先識別出哪些想法需要深入探討，再由全體一起討論並深入挖掘。而討論結果可以直接寫在白板上，也可以用新的便利貼加註後貼上。

深入探討因素時，可以參考**五問法** p.189 的思考方式。請參考該頁面以獲得更多資訊。

⑤ Try（嘗試）的候選項審查

如果 Keep · Problem 的數量很多，那麼在考慮 Try（嘗試）之前，決定要針對哪些 Keep · Problem 採取行動。在三分鐘內，將白板上的那些會對團隊產生積極影響的 Keep · Problem 的數量縮減至三個以內，並且以這些有限的數量為基礎，接著討論 Try 的候選項。可以透過討論來縮小範圍，也可以透過使用**紅綠燈** `p.164` 、**Effort & Pain** `p.224` 、**Feasible & Useful** `p.224` 、**點點投票** `p.227` 方法來縮小範圍。

⑥ Try（嘗試）的創建與分享

接下來，考慮 Try（嘗試）的部分。Try 是從強化 Keep 或解決 Problem 的觀點提出想法。將使用先前縮小範圍所篩出的候選項進行思考。每個人用 5～8 分鐘的時間進行獨立思考，然後再用 5～8 分鐘的時間進行共享。

⑦ Try（嘗試）的決定

最後，在 5～8 分鐘內，將 Try 的數量縮減到 1～3 個。如果縮減後的這些想法感覺還不夠具體化成為行動，那就嘗試讓它變得具體可行。具體化行動時，可以使用 **SMART 目標** `p.236` 的手法。

莉卡的重點整理

> 一定要按照 Keep → Problem →
> Try 的順序劃分時間

如果一次想好 Keep、Problem 和 Try，最後再一次性分享出來，Try 往往會變成「對於我來說已經明確的解決方案，為自己提出的想法」。此外，如

果同時想好 Keep 和 Problem，很容易就會先從 Problem 開始思考。這是因為，比起尋找「看得見的缺點」，尋找問題或挑戰更加容易 [※8]。當然，解決問題並不是件壞事，但一旦把注意力轉移到不好的地方，就很難看到好的東西。所以為了確保能在提出想法時能夠充分關注好的方面，請務必按照 Keep、Problem、Try 的順序分開思考。

> 將上次團隊自省後執行的行動結果進行分析，
> 將其結果納入到事件、Keep 和 Problem 中

如果能持續不斷改善行動本身，那麼在這次團隊自省中產出的下一步行動就將能夠成為團隊的更強大的動力。如果該行動沒有執行，那麼一定存在某種問題，即使該行動進展不順利，也應該有一些 Keep（好的部分）。請務必檢查上次行動的結果，並將其納入進一步的改善中。

> 考慮團隊共同的 Try

以團隊為主體，共同討論 Try 的部分。如果個人無意識地寫 Try，可能會變成個人的 Try。因此，在提出 Try 之前，請提醒團隊並強調「考慮團隊共同的 Try」。

※8　這是人類與生俱來的「自我防衛本能」所致，這也被稱為「迴避反應」（Avoidance Response）。這種本能是為了盡快發現對自己有害的影響，並將其消除，以提高生存機率。

Part 3
08
創建團隊自省的場域
回想事件
交流想法
決定行動
自省　改善團隊
手法 11
KPT

<table>
<tr><td>手法
12</td><td>**YWT**</td></tr>
</table>

使用場景

步驟 ❸ 回想事件 ｜ 步驟 ❹ 交流想法 ｜ 步驟 ❺ 決定行動

概述‧目的

YWT 是一種團隊自省的手法，取自日語發音的首字母，分別代表 Y「做了什麼」（Yatta koto）、W「學到了什麼」（Wakatta koto）和 T「下一步將要做什麼」（Tsugini yaru koto）。**這是一種簡單的手法，按照「有過什麼樣的經歷？」、「從中學到了什麼或意識到什麼？」、「下一步將要做什麼？」的順序提出問題。**

所需時間

包含事前準備和說明，大約需要 40 ～ 70 分鐘。

需要注意的是，團隊自省的特定期間越長，「做了什麼」和「學到了什麼」的所需時間就越長。

進行方式

【**事前準備**】準備三種顏色的便利貼。三種顏色分別對應 Y‧W‧T。

YWT 將按照以下順序提問與討論。

Part 3

08

創建團隊自省的場域

回想事件

交流想法

決定行動

改善團隊自省

手法12

YWT

① 做了什麼

② 學到了什麼

③ 下一步將要做什麼

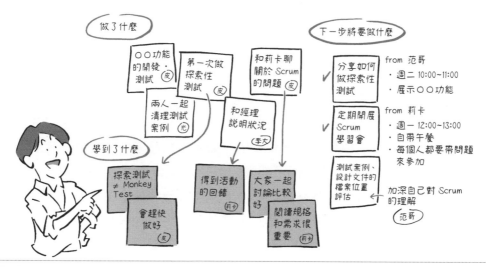

圖 8.14 YWT 範例

① 做了什麼

首先，在 8 ～ 12 分鐘內，每個人用同一種顏色的便利貼寫下自己之前**做了什麼**。在這次團隊自省的特定期間內，回想「做了什麼」，並按時間順序排列便利貼。這些「做了什麼」不僅包括「自己完成的工作」，還應該回答以下問題：

- 團隊一起完成了什麼事情？
- 團隊成員個別完成了什麼事情？
- 有哪些是有意識地採取的行動？
- 想要引發的變化是什麼？
- 執行了哪些改善？

等等。

另外，也可以在紀錄做了什麼的同時，一起寫下相應的「學到了什麼」。詳情請參閱「學到了什麼」。

接下來，在 10 ～ 15 分鐘的時間內，每個人分享「做了什麼」。將便利貼按時間順序排列，如果有類似或相同的想法，可以將便利貼放在較近的位置，或者將便利貼疊放在一起，這對之後的討論會很有幫助。

▌②學到了什麼

在約 5 ～ 10 分鐘內，請每個人將**學到了什麼**事情寫在第二種顏色的便利貼上。這不僅包括從自己的行動中學到的事情和領悟，還包括團隊成員和團隊在「做了什麼」中學到的事和領悟。如果不加思考地就提供「學到了什麼」，就容易只關注自己的「做了什麼」。進行團隊自省的優點在於，因有擁有不同價值觀和視角的人集結在一起，因此可以獲得無法由單一個人得出的學習與覺察。為了充分發揮這個優點，請積極提供對他人想法的回饋，例如「我認為如此」或「我從中獲得了這樣的學習」等等。

接著，在約 5 ～ 10 分鐘內，將「學到了什麼」貼出來進行共享。為了讓「學到了什麼」與「做了什麼」之間的關聯變明顯，可以使用線條連接它們，或者將「學到了什麼」的便利貼疊放在「做了什麼」的便利貼上，以做出一些巧妙的安排。

▌③下一步將要做什麼

在 5 ～ 10 分鐘內，根據「學到了什麼」，將**下一步將要做什麼**事情寫在第三種顏色的便利貼上。「下一步將要做什麼」應該是「團隊所有成員一起努力的事情」。雖然也可以寫出「個人可以做的事情」，但首先應該考慮「團隊所有成員一起努力的事情」，並在此基礎上考慮行動。

接下來，請用大約 5 ～ 10 分鐘的時間，全體成員共享各自的「下一步要做什麼」。從共享的想法中，選擇最多兩個主要的事項，然後開始具體化這些行動。

Part 3

08

創建團隊
自省的場域

回想事件

交流想法

決定行動

改善團隊
自省

手法
12

YWT

莉卡的重點整理

以他人的意見為基礎，來思考新的想法吧

僅由個人獨自思考的「做了什麼」、「學到了什麼」和「下一步將要做什麼」，會導致行動陷在局部的最佳解，原因是作為一個團隊缺乏實施改善時所需的全局觀點，透過彼此分享想法，可以補充各種不同的觀點，有助於採取對整體最佳的行動。

嘗試把 YWT 與其他手法組合起來吧

如果想要更詳細地描述「做了什麼」，並且希望獲得更廣泛的想法，可以考慮使用**時間軸** p.175 或**團隊故事** p.180 ）等手法來代替這部分。

「學到了什麼」這部分也可以將其組合到其他團隊自省手法中。關於如何組合這部分，請參考第 9 章「團隊自省的要素與問題」的「學習與覺察」 p.254 。

「下一步將要做什麼」這部分可以與下一個手法一同使用。可以根據不同的情況，選擇如何使用這些內容。

- **小改善點子** p.221 → 適合於想要產出許多點子的情況
- **問答圈** p.232 → 適合於希望團隊共同思考點子的情況
- **SMART 目標** p.236 → 適合於想要具體化行動計劃的情況

手法	
13	熱氣球／帆船／高速車／火箭

使用場景

步驟 ❸ 回想事件 ｜ 步驟 ❹ 交流想法 ｜ 步驟 ❺ 決定行動

概述・目的

熱氣球／帆船／高速車／火箭，這四種都是**使用「圖像」來引發創意想法的手法**。雖然這些主題分別是熱氣球、帆船、高速車和火箭，但其本質是相同的。例如，以**熱氣球**為主題，可以將乘坐熱氣球的人視為一支團隊，並提出以下問題

● 如何讓熱氣球飛得更高，欣賞到更美麗的風景，我們該怎麼做？

● 如何利用風力讓熱氣球更快抵達目的地，我們該採取什麼行動？

並且在提出這些問題的同時，思考可以讓團隊成長的想法。

這些手法非常適合思考「如何擴展團隊優勢」和「團隊的理想狀態為何」。使用圖畫和隱喻可以激發想像力，可以激發創意，更容易提出創新的想法。

圖 8.15　熱氣球的範例

Part 3
08
創建團隊
自省的場域
回想事件
交流想法
決定行動
改善團隊
自省
手法
13
熱氣球／帆船／高速車／火箭

所需時間

包含事前準備和說明，大約需要 30 ～ 50 分鐘。

進行方式

在這裡，將介紹有關**熱氣球**的進行方式。關於其他手法的相關內容，將在「莉卡的重點整理」中介紹。

【**事前準備**】準備兩種顏色的便利貼。

❶ 在白板或模造紙上繪製一個大大的熱氣球，並在熱氣球內部繪製團隊成員的樣子。如果團隊全員能一起參與繪畫工作，將能使團隊自省的過程變得更加有趣。

❷ 首先，在 5 ～ 8 分鐘內，每個人思考「是什麼能讓熱氣球昇得更高呢」，也就是討論**團隊的好的、正向的事件**。使用第一種顏色的便利貼寫下這些事件，然後將它們貼在熱氣球上。這些事件可以用各種隱喻來表示，例如升空的氣球、上升氣流、飛翔的鳥等，圍繞熱氣球描繪出來。

同樣地，在相同的時間內，每個人思考「熱氣球上升過程中的阻礙是什麼？」，也就是**對團隊來說不好、負面的事件**，並寫在第二種顏色的便利貼上並貼到熱氣球的下方。此處可以加點別的隱喻，例如懸掛在熱氣球下的壓艙沙袋或拉著熱氣球的人等。可以自由地發揮想像力來創作隱喻。請注意，在思考時，請務必先思考對團隊來說好的、有正向影響的事件。

❸ 接下來，在 10 ～ 15 分鐘內，共享這些資訊。在分享團隊的正向和負向事件時，針對需要深入探討的因素再加以挖掘，並將其記錄在便利貼上，也可以繪製新的隱喻來解釋。

❹ 最後，使用第三種顏色的便利貼，一起討論**如何讓熱氣球飛得更高的想法**。可以從加速上升或解決上升的阻礙，這兩個角度來思考。這個步驟同樣需要時間，首先用 5 ～ 8 分鐘讓每個人思考，然後再用 10 ～ 15 分鐘進行共享。

莉卡的重點整理

不只自己的觀點，也包括他人或團隊的，就算是再小的事情也好，都列舉出來吧

對於不熟悉團隊自省的人來說，找到「正面的事」可能會相對困難。對於自己認為是理所當然的事情，或者覺得是理所當然的工作，往往很難自行給予良好的評價。

因此，在這個手法中，也要仔細關注團隊成員。即使對自己來說，某些事情可能顯得理所當然，但在其他人看來，可能是非常了不起的事情，或者對他們很有幫助。就像小皮那樣，能立即提出疑問，就是一件很厲害的事，但也許本人可能並未意識到這一點。

而這些事情，對他人來說也一樣經歷過。透過舉出他人或團隊的優點，讓得到別人肯定的人，就能更清楚地意識到自身的優點。當意識到自己的優點和成功時，就能夠開始思考如何進一步發展這些優點的想法。持續進行「發現優點」的活動，逐漸將焦點由「自己」轉移到「團隊」。在提出想法時，從個人主義和局部最佳的思維轉變為追求整體最佳的思維。

享受在畫布上繪畫的樂趣！

使用各種不同顏色的便利貼和白板筆，讓大家一起將白板變成一幅色彩繽紛的畫布。即使不擅長畫畫也沒關係。失敗也很ＯＫ。即便擔心可能自己畫得不好或是弄髒了白板，也請不要介意，盡情享受這個過程吧。

接著介紹其他有趣的隱喻

這個手法除了熱氣球之外，還有其他很有趣的隱喻。透過改變隱喻，即使是相同的主題，也能產生不同的結果。這很有趣，是不？所以請嘗試變換各種不同的隱喻吧。

Part 3
08
創建團隊
自省的場域

回想事件

交流想法

決定行動

改善團隊
自省

手法
13
熱氣球／帆船／高速車／火箭

▌帆船

帆船只依靠著風的吹拂而前進。在這個隱喻中，「帆船」代表著團隊，「帆船的目標島」則象徵著團隊的目標。「順風」表示加速團隊的因素，「沉入海底的錨」表示減速或停滯團隊的因素。「礁石」則代表著可見的風險。

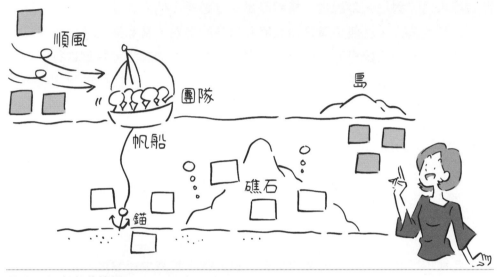

圖 8.16　帆船的範例

高速車

高速車是為了尋求達到最大速度而加速的車輛。在這個隱喻中,「高速車」代表著團隊,「引擎」則是加速團隊的因素。「速度車上的降落傘」表示減速或停滯團隊的因素。「懸崖」代表著可見的風險,而「橋」則象徵著克服風險的想法。

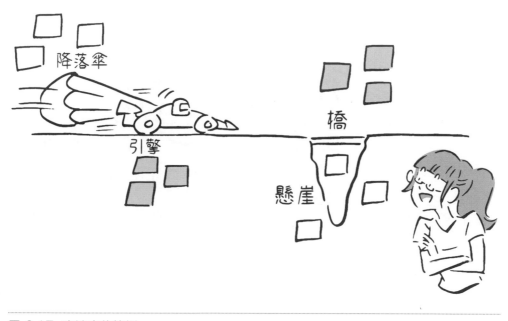

圖 8.17 高速車的範例

Part 3

08

自省的場域 創建團隊

回想事件

交流想法

決定行動

自省 改善團隊

手法 13

熱氣球／帆船／高速車／火箭

火箭

火箭飛行器突破地球大氣層航向遠方的行星。在這個隱喻中，「火箭」代表著團隊，「行星」則是目標。「引擎」則是加速團隊的因素，「隕石或小行星群」表示風險或問題，「衛星」則是協助團隊的因素。「外星人」則代表著意想不到的想法。

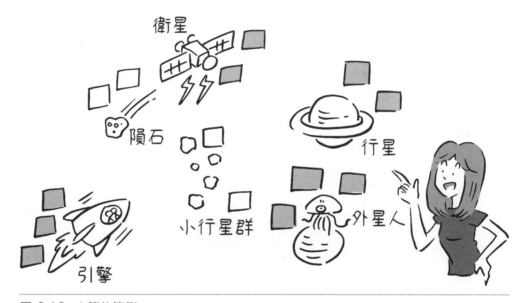

圖 8.18　火箭的範例

Part 3
08
創建團隊
自省的場域
回想事件
交流想法
決定行動
改善團隊
自省
手法
14
Celebration Grid

手法
14
Celebration Grid

使用場景

步驟 ❸ 回想事件 ｜ 步驟 ❹ 交流想法 ｜ 步驟 ❺ 決定行動

概述·目的

Celebration Grid[9]，其中 Celebration（慶祝）顧名思義，**是一種「慶祝」學習與覺察的手法**。團隊在平常工作時，會發生各種各樣的事情，包括按照規則或教導行事、進行實驗性的事情以及發生意外的失誤等。與團隊一起將這些成功和失敗，以格子的方式進行分類，並互相確認彼此獲得了哪些學習與覺察。然後，透過共同慶祝團隊的成長和變化、相互激勵學習與覺察，且能夠持續嘗試與實驗，最終成長為更好的團隊，這就是此手法的目的。

在這個手法中，將想法分類成六個部分。對每個部分都將學習與覺察分為多（LEARNING）或少（No learning）。在圖 8.19 中，Ⓐ 的部分代表 LEARNING，Ⓑ Ⓒ 的部分代表 No learning。

縱軸是基於事件的結果（OUTCOME）進行分類。它分為失敗（FAILURE）或成功（SUCCESS）兩類。與橫軸結合，探討並分類做了什麼事情以及其結果是什麼（失敗或成功），並且尋找學習的可能性。

橫軸是基於行為態度（BEHAVIOR）分類。

---

[9] 管理 3.0 的實踐之一。https://management30.com/practice/celebration-grids/

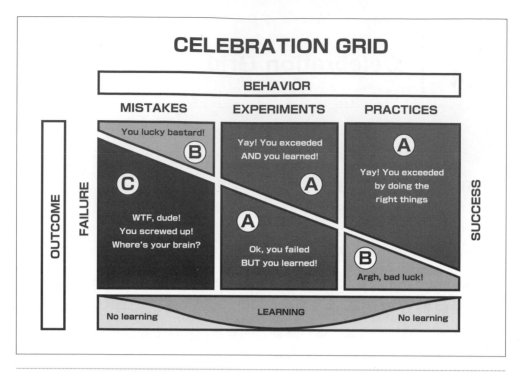

圖 8.19 Celebration Grid

共分三類：失誤（MISTAKES）、實驗（EXPERIMENTS）和實踐（PRACTICES）。

- **失誤** 指的是因於錯誤的行為所導致的結果。
- **實驗** 指的是那些未曾做過的事情或挑戰，嘗試後所得到的結果。
- **實踐** 指的是遵循規則或習慣所採取的行動和由此產生的結果。

接下來，將說明縱軸・橫軸的組合以及 LEARNING ／ No learning 的概念。

┃ ① 失誤×失敗 或 失誤×成功 [左方的 Ⓑ 或 Ⓒ]

即使採取了錯誤的行動，但最終取得成功，可能是某種幸運作用使其成功。
而在失敗的情況下，這可能是預料之中的結果。在這種情況下，學習與覺察
可能有限。然而，可以透過改善，以避免未來的錯誤。

┃ ② 實驗×失敗 或 實驗×成功 [中間的 Ⓐ 或 Ⓐ]

實驗是一個學習的過程，無論成功還是失敗，都有學習的價值。實驗本身就
是學習與覺察的來源。正因為無法預知結果是成功還是失敗，所以才會進行
實驗。而透過實驗所得到的東西，將加速下一次的挑戰。分析從成功和失敗
中獲得的學習與覺察，並將其應用於下一步的行動中。

┃ ③ 實踐×失敗 或 實踐×成功 [右方的 Ⓐ 或 Ⓑ]

如果按照已知的慣例和規則來做就成功了，那麼學習與覺察可能會較少，但
仍是值得慶祝的事情。如果按照現有的規則來做也失敗了，這意味著可能發
生了某種不幸的事故。在這情況中是無法獲得太多的學習與覺察。

此外，即使是已經存在於團隊中的慣例或規則，如果是第一次嘗試的人，也
會是學習的機會。無論是成功還是失敗，都可以引出下一步的學習與覺察。

將事實貼在這六個部分，共享學習與覺察，這就是 Celebration Grid 的
過程。

Part 3
08
自省的場域 創建團隊
回想事件
交流想法
決定行動
自省 改善團隊
手法 14
Celebration Grid

所需時間

包含事前準備和說明，大約需要 30 ～ 45 分鐘。

進行方式

【事前準備】在白板上劃出六個區域。另外，準備兩種顏色的便利貼。

❶ 首先，每人用 8 ～ 12 分鐘，**回想執行行動的過程以及所獲得的成果**，將其寫在第一種顏色的便利貼上，然後根據六個部分分類並貼到白板上。

❷ 接下來，將進行團隊全員的分享，時間約 10 ～ 15 分鐘。這裡將重點討論每個部分中發生的事件以及獲得的學習與覺察。並嘗試將各種事件**從整個團隊的觀點轉化為學習與覺察**，然後將其寫在第二種顏色便利貼並貼到白板上。即使是失敗，如果將其轉化為學習與覺察，也可以減輕一些心理壓力，同時也能促使產生新的挑戰。此外，好的事情經過全團隊共享經驗後，就能夠提高整個團隊的動力。當全團隊的共享結束後，再一起討論「對團隊而言，特別重要的學習與覺察」。

❸ 最後，用 10 ～ 15 分鐘，將學習與覺察轉化為具體的想法和行動。這裡需要思考，**為了獲得下一次的學習與覺察，及未來要進行哪些實驗**，並將想法寫在第二種顏色的便利貼上，然後全體一起進行討論。根據需要，也可以先用 5 分鐘的個人思考時間，然後再進行討論。在討論過程中，將這些想法轉化為具體的行動。

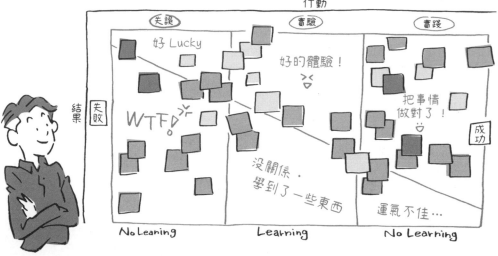

圖 8.20 Celebration Grid 範例

Part 3
08
創建團隊
自省的場域

回想事件

交流想法

決定行動

改善團隊
自省

手法
14
Celebration Grid

莉卡的重點整理

小心處理失敗的部分

這個手法需要與全團隊共享失敗,但是如果失敗被用來追究責任或批評責難,那麼就沒有人會表達意見了。在開始使用 Celebration Grid 之前,如果每個人都能有一致的心態,能理解將失敗轉化為學習會是個機會,而且都希望能充分利用這個機會化為新的動力。關於這個心態,請參考在第 6 章「團隊自省的心態」中的「慶祝學習」 p.139 中有詳細介紹。

鼓勵嘗試實驗

如果 Celebration Grid 中的「實驗」部分的數量較少，可以試著告訴大家，實驗將能帶來許多學習。而且實驗無論成功或失敗都有其價值，都值得慶祝，即使是害怕失敗的個人或團隊，也更容易開始有「嘗試一些小實驗」的心態。接著可以一起討論，從哪些小實驗開始做起。

行動需要具體明確

即使想出了看似很好的實驗，如果行動沒有實際執行，那就太可惜了。如果大家共同制定的行動太抽象，可以考慮組合**問答圈** p.232 和 **SMART 目標** p.236 的手法來具體化行動。

Part 3
08
創建團隊
自省的場域

回想事件

交流想法

決定行動

自省改善團隊

手法
15
小改善點子

手法	
15	小改善點子

使用場景

步驟 ❹ 交流想法

概述・目的

小改善點子是一種**為了思考出許多解決方案的手法**。這種方法的關鍵是**想出多種方法來改善，哪怕只是改善了 1%**。在團隊自省中，試圖挖掘問題的根本原因時，而這些問題可能會包括組織或體制上的問題、技術上困難且無法解決的問題，以及根本不知道如何解決的問題。這些問題要完全解決是很困難的，而且要試過才知道。因此，小改善點子的核心思維是「從小處入手，逐步解決」。

這個手法中，可以善用便利貼，提出許多「小的（1% ）改善點子」。當然，也可以提出 1% 以上的改善想法。

所需時間

無需事前準備。包括說明在內，約需 10 ～ 15 分鐘。

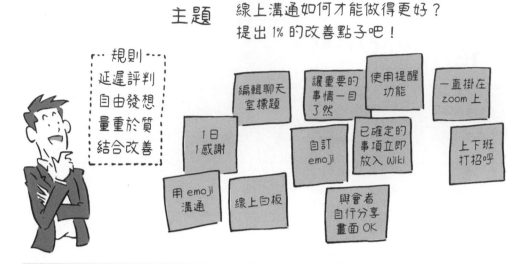

圖 8.21　小改善點子的範例

進行方式

【事前準備】說明腦力激盪的四條規則。

- **延遲評判**　不要寫下妨礙想法發散的批評或結論。
- **自由發想**　嘗試提出獨特的想法。而且歡迎這種行為。
- **量重於質**　以各種觀點提供大量的想法。
- **結合改善**　將他人的想法結合並進行修改，提出新的想法。

將此規則寫在白板上可以保持提醒團隊。

❶首先，每個人在 6 分鐘內，在便利貼上寫下「小的改善點子」。在進行腦力激盪時，請遵循腦力激盪的規則。如果有改善想法的主題（想要提升的加強點或改善的問題點等），請提前分享該主題。

❷當手上已經有 5 張以上的便利貼時，就將其貼在白板上。如果覺得沒有想法或卡住了，可以參考其他人貼出的想法，進行結合改善，並繼續添加新的想法。

❸最後，用 8～12 分的時間進行想法共享。由於會有許多想法被提出，所以讓每個人分享的節奏保持流暢。共享完畢後，建議使用 **Effort & Pain ／ Feasible & Useful** p.224 的手法進行分類。

莉卡的重點整理

> 不要想太多，
> 只要想出盡可能多的想法即可

這就是重點！不要只在腦中思考，而是動手寫下許多便利貼。每個人至少要想出 10 個想法，而且這也是練習快速寫下想法的好機會。

Part 3
08 創建團隊自省的場域
回想事件
交流想法
決定行動
改善團隊自省
手法 15 小改善點子

<table>
<tr><td>手法
16</td><td># Effort & Pain ／
Feasible & Useful</td></tr>
</table>

使用場景

步驟 ❹　交流想法 ｜ 步驟 ❺　決定行動

概述・目的

Effort & Pain 和 **Feasible & Useful** 都是**用來分類想法或行動的手法**。當有許多想法或行動時，此矩陣也是用來決定其優先順序的有用工具。另外，這個矩陣不僅僅在團隊自省中，也推薦在其他場合試試也會很有用。

Effort & Pain 是將想法分類為兩個軸，Effort（執行行動所需的努力和心力）和 Pain（解決多大程度的「痛點」）。而優先級高的想法應該要選擇矩陣中 Effort 小且 Pain 大的。另外也可以使用 Gain（獲得多少利益）來替代 Pain。

Feasible & Useful 是用 Feasible（實現可行性有多高）和 Useful（有多大的用途）這兩個軸來分類想法或行動的手法。這個手法會選擇同時具有高 Feasible 和高 Useful 的想法。

所需時間

無需事前準備。包括說明在內，約需 5 ～ 10 分鐘。

進行方式

在這裡將解釋如何使用 **Effort & Pain** 來對想法進行分類。

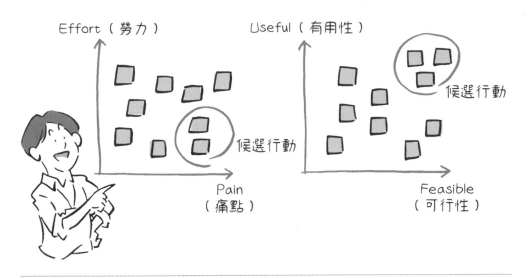

圖 8.22 Effort & Pain ／ Useful & Feasible 範例

❶ 首先，在大約 3 分鐘的時間內，根據 Effort 和 Pain 兩個軸來分類想法和行動。請記住**分類只是作出相對評估。目的是為了避免便利貼集中在同一區域，所以請適當地分散它們**。首先，請所有人在進行時保持安靜。再依著手中的便利貼的內容對應白板上 Effort & Pain 的圖表，按照自己的感覺將便利貼分類好貼到對應的圖表上。在這個過程中，不僅對自己提出的想法分類，也可以對其他人在白板上提出的想法調整位置，以便讓圖表更容易被閱讀。如果在分類時發現不理解某個想法，請當場向該想法所有者提問以利澄清。

❷ 當分類完成後，在 3 ～ 7 分鐘的時間內，一邊觀察已做好分類的圖表，一邊與團隊共享並解決自己對圖表上不清楚或有疑問的某些想法。如果有需要移動想法的位置，請隨時進行調整。

觀察分類後的圖表，尋找那些 Effort 較小（付出的努力較少），Pain 較大（解決痛點的條件較高）的想法，就會是最佳的想法候選項。同樣地，Effort 較大且 Pain 較大的想法則是第二優先考慮。然而，這些僅是想法候選項，具體要採用哪些想法將在團隊內進行討論並做出決定。

Part 3
08
創建團隊自省的場域
回想事件
交流想法
決定行動
改善團隊自省
手法16
Effort & Pain / Feasible & Useful

❸ 從這些候選項中，團隊應選擇最多三個作為下一步執行的想法候選項。如果需要，可以使用**點點投票** p.227 、**紅綠燈** p.164 等手法，再做進一步的篩選。

這就是如何分類想法的過程。請注意，在對行動做分類時，也可以使用類似的步驟。此外，對於 **Feasible & Useful** 的情況，雖然兩個軸的觀點不同，但步驟是相似的。

莉卡的重點整理

區分靜默的分類時間和全員共同分類的時間

使用靜默分類可以迅速進行分類。如果一開始就是全員討論如何分類的話，就會逐一尋求意見和共識，對於大量的想法來說，分類起來會花費太多時間。首先，每個人安靜地快速作分類，然後所有人再針對有認知有差異的部分進行討論。

避免便利貼集中在同一個地方，請將其分散開來

如果便利貼全部集中在一起，不僅內容難以閱讀，還而且可能會產生將所有集中的內容合併成一個行動的想法。要記住，分類是相對的，而不是絕對的。因此，請嘗試使用整個白板，並巧妙地分散便利貼，以便進行分類。

Part 3
08
創建團隊
自省的場域

回想事件

交流想法

決定行動

改善團隊
自省

手法
17
點點投票

手法 17 | 點點投票

使用場景

步驟 ❷ 創建團隊自省的場域｜步驟 ❹ 交流想法｜步驟 ❺ 決定行動

概述·目的

點點投票是一種**選擇想法或行動的手法，正如其名，透過點點（圓點）貼紙進行投票**。不僅僅是投票，有時還會進行加權投票。透過加權投票，可以一目了然地知道「對團隊來說哪些想法最重要」。

也可以在 **KPT** p.198 和 **YWT** p.204 手法裡的「T」中篩選出重要想法，另外也能用來收斂發散的討論。當意見眾多時，使用**點點投票**可以幫助團隊選擇應該聚焦的主題。

在進行**點點投票**時，將重點放在「對團隊有效益且值得討論或執行的意見或想法」。如果要篩選行動的候選數量，請將其限制在兩個以下。如果要篩選執行的行動候選數量，請將其限制在三個或更少的選擇。在團隊自省中，最多只能選擇三個要執行的行動。在還不熟悉的情況下，就算只有一個也沒關係。

以下是限制行動數量的原因。

- 如果行動的候選太多時，會試圖將所有想法具體化，導致創建行動的時間過長。此外，由於待處理的資訊量過多，可能會導致對每個行動討論不夠深入。

- 即使執行行動，也不一定會成功。在所有行動中，約有一半可能會順利執行，另一半可能會出現某些問題。另外，一次性進行過多的調整，那麼將有問題的部分復原就會很困難。如果改變了複雜且互相關聯的流程，若只恢復一個改動點也會很困難。

- 有時在嘗試進行「改善」時，也可能會不小心導致「惡化」。在這種情況下，如果在分析什麼做得好、什麼做得不好時，如果執行了許多行動，就會很難進行分析。

- 試圖執行太多行動，會花太多時間在執行行動上，而導致日常工作被疏忽。

- 行動的數量過多時，就會看起來像是一堆必須完成的任務。由於任務數量太多，人們可能感到沮喪，失去動力，最終可能導致沒有一個行動得以實施，這也是一個可能發生的問題。

所需時間

包含事前準備和說明，大約 5 分鐘。

進行方式

【事前準備】為每位成員準備足夠的圓點貼紙。如果圓點貼紙不夠，可以使用白板筆直接寫在白板上，或直接在便利貼上的空白處註記。

❶ 每個人都拿著圓點貼紙，**對於「團隊認為重要的事」進行投票**。投票方式如下。

- 最重視的事項投 6 票
- 次要重視的事項投 3 票
- 較不重要的事項投 1 票

Part 3
08
創建團隊
自省的場域

回想事件

交流想法

決定行動

改善團隊
自省

手法
17
點點投票

圖 8.23　點點投票範例

另外在投票前，根據還未篩選的想法數量，可以適時調整投票數量和權重
※10 。

- 如果想法數量較少（少於 8 個），每人持有 4 票，分別用 3 票、1 票進行投票。

- 如果想法數量較多（不超過 15 個），每人持有 10 票，分別用 6 票、3 票、1 票進行投票。

- 如果想法數量特別多（超過 16 個），每人持有 10 票，分別用 4 票、3 票、2 票、1 票進行投票。

透過這樣的投票方式，可以讓團隊成員在投票時，依照自己的想法給予不同權重的票數。投票後，可以從得票數最高的想法開始討論，並逐步具體化行動。

※10　作者依照經驗建議了這些數字，但僅限參考，並不需要嚴格遵循這些數字。

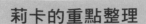
莉卡的重點整理

讓投票結果一目了然

使用圓點貼紙的理由是因為「一目了然」。如果沒有圓點貼紙，可以用筆在便利貼上面畫點（●）來代替。請注意，不要使用「正」字來代替。如果用「正」字來投票，當多人同時對同一張便利貼投票時，會出現多個沒寫完的「正」字，一眼看上去就很難一目了然。同時，也會使得便利貼上的文字與得票數難以區分，這也是要注意的地方。

透過使用圓點貼紙，如果有數量差異就可以一目了然。不需要計數，就可以知道哪些想法是最重要。透過「視覺呈現」，可以自然地讓每個人意識到下一步需要思考什麼。

為團隊認為重要的事項投票吧

其實每個人都有自己想做的想法，但畢竟團隊自省是為團隊而設計的，最重要的是大家一起讓團隊變得更好。在投票之前，一定要讓所有人知道「為團隊認為重要的事項投票」和「應該優先考慮團隊的利益而不是自己的利益」。當然，如果有人在知道了這兩點，仍然想要投票給自己想要的想法，那也是可以的。即使是個人的想法沒有被選中，只要條件允許，也可以嘗試自行去實踐，並不斷地改善。

Part 3

08

自省的場域
建團隊

回想事件

交流想法

決定行動

自省 改善團隊

手法
17

點點投票

請務必充分理解其中的優缺點

點點投票是一種非常強大的篩選手法，如果能了解其中優缺點，將有助於區分何時使用其他的篩選方法。

而優點就是它的簡單和直接，可以立即做出決定。這是毫無疑問的。

缺點是以下兩點。

Ⓐ 很容易受到先前投票者的結果影響

Ⓑ 如果目標不明確就容易發散

在離線狀態下進行的**點點投票**，由於知道每個人對哪張便利貼投了票，因此匿名性相對較差。此外，由於投票時可能會有時間差，因此很容易受到先前投票結果的影響，例如，最初投票的人或者是意見強烈的人可能會對其他人的行為形成領頭羊效應，導致了Ⓐ的情況。因為當參與者感到困惑時，他們可能會受到這些「強勢意見」的影響，而不是以「自己的意見」投票。

此外，Ⓑ 如果在沒有明確的「為團隊而做」的目標的情況下就開始投票，各自可能就會投票給自己想做的事，導致得票數分散，而無法確定優先順序。

在了解優點和缺點之後，要如何使用才會是關鍵。

善用其他篩選方法

除了本章節介紹的手法外，還有許多其他的篩選手法，例如**紅綠燈** p.164 ，**Effort & Pain／Feasible & Useful** p.224 等等。每種手法都有其適用情境，因此，了解各自的優點和缺點，而且多多嘗試並分析各種手法，以便根據具體情況方能靈活運用。

手法	
18	# 問答圈

使用場景

步驟 ❹ 交流想法｜步驟 ❺ 決定行動

概述·目的

問答圈是一種**讓團隊全員在創造想法和行動時都能達成共識的手法**。團隊全員先圍成一個圈，接著每個人依序回答「問題」，透過反覆問答「你認為我們接下來應該做些什麼？」這個問題，在此過程中將產生包含團隊全員意見的具體想法和行動。

問答圈能夠幫助團隊成員相互尊重彼此的意見，共同決定作為一個團隊要做什麼，這也有助於提升團隊關係。在過程中應避免否定或批評他人的意見。團隊成員可以透過這個過程，體驗到自己的意見如何逐漸成為團隊的共識。

所需時間

無需事前準備。包括說明在內，約需 20 ～ 40 分鐘。參與的人數越多，需要的時間就越長。

圖 8.24　問答圈的進行方式（四人一組時的討論）

Part 3

08

創建團隊
自省的場域

回想事件

交流想法

決定行動

改善團隊
自省

手法
18

問答圈

進行方式

在進行**問答圈**時，透過反覆問答**「你認為我們接下來應該做些什麼？」**這個問題。

❶ 開始時，先指定一個人來發問，接著將問題拋給左邊的人。**「你認為我們接下來應該做些什麼？」**然後由左邊的人回答這個問題。

在回答時，請毫不保留地表達自己的意見，不要受到其他人的影響。一開始的回答不必太具體，只要能夠傳達自己的想法即可。對於已經回答的內容，請暫時不要深入探討或進一步提問。只有在「不了解內容」或「未傳達清楚」時，才需要提問以澄清疑問。此時，這些內容應由有空的人適時地在白板上將想法視覺化。而視覺化的形式可以是便利貼，也可以是心智圖，選擇哪種形式都可以，請根據團隊的需要來進行協商。

233

❷然後，輪到之前被問的人成為提問者，再次向左邊的人提出相同的問題。

「你認為我們接下來應該做些什麼？」

接著，下一個人也分享自己的觀點。這句提問一定要提出，透過提問，可以明確地將回答的輪次傳給下一個人。

❸經過一輪後，團隊成員間大概可以了解到彼此都在想什麼，以及他們認為什麼是重要的。這一連串的流程可以持續進行兩輪以上。根據行動的具體程度，必要時可以繼續進行第三輪、第四輪等。

以下，將舉例說明如何從第二輪開始進行。

▍第二輪

第一輪結束後，團隊的想法都已經被視覺化在白板上。在這些想法裡，如果有覺得「這個不錯的，我也想要這樣做」的想法，請將其採納到自己的想法中。針對「你認為我們接下來應該做些什麼？」這個提問，可以在整合第一輪所有人的想法後，重新構建自己的回答，並將其加回到白板上。

▍第三輪

到第二輪結束時，達成共識的方向應該已經開始顯示出來了。從第三輪開始，將之前的想法整合起來，並更具體地深入探討行動。此輪回答者回答問題時需要根據以下提示回答。

- 如果要執行行動，何時執行？

- 由誰來執行？

- 為什麼要執行？

這樣逐步深化回答，讓每個人的想法更具體。

第四輪

參考前三輪的想法,為了最終決定團隊將要做什麼,請所有人凝聚共識提出更具體的行動。如果在四週結束時意見仍未達成共識,將會額外進行五分鐘的討論時間,討論團隊最重要的是什麼,並最終決定行動。

莉卡的重點整理

寫下所有的想法

在每一輪問答的過程中,每個人都應該尊重彼此的想法,而記錄者也應該盡量將所有想法完整地寫下來。如果有人選擇不寫或修改了某些想法,請務必先徵求回答者的同意。透過這樣的方式,所有人的想法都能被寫下來,如此團隊才能逐漸看清前進的方向。

對任何想法都保持開放態度

對於其他人提出的想法或行動,請保持開放態度,不要一概否定。與其認為「我不喜歡」這個想法,不如試著去理解「為什麼這個人會有這樣的看法」。如果不明白對方的意圖,可以當場詢問。而回答者的狀況或狀態也會影響回答,因此不要只看表面上的話語,也要試著去理解背後的意圖或價值觀。這樣才能進一步加深團隊的信任關係。

Part 3
08
自省的場域 創建團隊
回想事件
交流想法
決定行動
自省 改善團隊
手法
18
問答圈

手法
19

SMART 目標

使用場景

步驟 ❺　決定行動

概述·目的

SMART 目標是一種**將想法轉化為具體行動的代表性手法**。若是具體化的行動被認為可以被確實執行，那麼就更容易預測其效果，也更容易發現其不足之處。一旦發現了不足或是缺陷，就能夠立即進行調整和修正。

SMART 是一個縮寫，包括以下單字的首字母。

- Specific（明確的 · 具體的）
- Measurable（可衡量）
- Achievable（可實現的）
- Relevant（相關的）
- Timely ／ Time-bounded（即時的／有時限的）

根據這些內容將行動具體化。

所需時間

無需事前準備。包括説明在內，約需 20 ～ 30 分鐘。對於還不熟悉這個手法的團隊來説，具體化行動就需要花費更多時間。

Part 3
08
創建團隊
自省的場域

回想事件

交流想法

決定行動

改善團隊
自省

手法
19
SMART 目標

進行方式

將行動的候選項具體化,並使其符合 SMART 原則中的五個元素。

為行動制定 SMART 目標,對於不習慣的人來說可能是一件不容易的事情。以下是不符合 SMART 原則的行動範例,以及符合 SMART 原則的行動範例。

不符合 SMART 原則的行動範例

光姐製作的畫面設計書中,有許多地方的描述不完整,導致需要回頭修正。之後會更加注意避免出現描述不完整的情況。

符合 SMART 原則的行動範例

光姐製作的畫面設計書中,有許多地方的描述不完整,導致需要回頭修正。由於對規格有了充分的瞭解,為了確保沒有描述不完整之處,團隊將建立相互審查設計的機制。

首先,明天先完成 X 和 Y 兩個頁面的設計書,其中 X 頁由莉卡和小皮共同審查,Y 頁則由繪里和范哥共同審查。需要審查的數量及其內容最晚會在後天的 Daily Scrum 上與整個團隊共享,並在那時再次考慮改善方案。

不符合 SMART 原則的行動範例裡,敘述了「描述不完整」這句不夠具體化的行為。「更加注意」這個說法也無法讓人理解如何實現。像是「更加注意」、「會更小心」、「更努力」、「會想辦法處理」等等表達改善的行為,通常都是不符合 SMART 原則的詞彙。如果看到這些詞彙,可以再深入提問將其轉化為更具體的行動,例如

- 如何才能確實意識到？

- 如何才能有效注意？

- 如何制定具體流程以防止失誤發生？

像這類的提問都可以讓行動更具體化。

圖 8.25 在與團隊對話的同時深入探討 **SMART 目標**

符合 SMART 原則的行動範例裡，提出了「建立一個團隊成員之間相互審查設計的機制」與問題相關的（Relevant）應對措施。上述提到機制的例子裡，具體的行動被落實為「X 頁由莉卡和小皮共同審查，Y 頁則由繪里和范哥共同審查」，這樣可以清楚地理解如何實現（Achievable）。

另外，從「明天先完成 X 和 Y 兩個頁面的設計書」的敘述中，可以瞭解到這是一個即時且有時限的行動（Timely・Time-bounded）。

試試看各種團隊自省的手法

Part 3
08
創建團隊自省的場域

回想事件

交流想法

決定行動

改善團隊自省

手法
19
SMART 目標

而且,從「需要審查的數量及其內容最晚會在後天的 Daily Scrum 上與整個團隊共享」這一部分,考慮到不確定性是否會成功,該部分考慮了下一步如何進行改善(Specific・Measurable)。

透過這樣子的團隊對話,將這些想法細化,以確保行動變得更具體、可衡量、可實現、相關且有時間限制,成為 SMART。

莉卡的重點整理

> ### 不要過度追求能一舉解決問題的完美行動

在剛開始制定行動的人來說,很容易會想做出一個可以解決所有問題,而且一定會成功的完美行動。然而,這種行動的制定需要對整個問題有充分的理解,以及足夠的問題分析才能夠實現。

團隊面對的問題往往只是冰山一角,看不清全貌。有時,只有在開始踏出改善的一步後,整個情況才會逐漸變得明朗。但有時當踏出那一步後,才會發現行動的方向是錯誤的。因此,不必試圖解決所有問題,只需要一步一步地制定出前進的行動就足夠了。當然,隨著經驗的積累變得更加熟練時,可以深入挖掘問題,並制定出能解決問題的具體行動。在這種情況下,可以使用 **五問法** p.189 這個手法將會很有幫助。

> ### 不要讓特定一個人承擔過多的行動責任

在制定行動時，使用「為什麼」「誰」「何時」「何地」「做什麼」「如何」
這 5W1H 來具體化，可以使行動更符合 SMART 原則。在這個過程中，如
果可能的話，請將「誰」的部分定義為**團隊所有成員**。雖然有些行動可
能需要特定的某個人來執行，但請將行動制定成團隊所有成員都能夠跟進和
協作。

如果某人承擔過多的責任，那麼其他人可以分擔他的工作，減輕其負擔，或
者提供建議和支援。請記住，最重要的是要意識到每個人都在為大家的行動
做出貢獻，而不僅僅是為自己。

> 一旦確定了具體的行動計劃，
> 請務必共同協作

要得到團隊所有成員的同意來制定行動是一件很困難的事情，有時私下還會
有一些不滿或疑問。但是，如果因為不滿意而拒絕合作或不執行，那麼行動
是無法前進的。只有邁出第一步，才能看到更多。一旦團隊決定「做吧」，
就一定要全員參與、同心協力。即使結果不如預期，也可以從中吸取教訓，
在下一次團隊自省中加以利用。

> 在具體化行動時，請時刻意識到
> SMART 原則

SMART 的思維方式是制定行動的基礎。無論採用何種團隊自省手法，請在
制訂行動的過程中，都能時刻意識到行動應該要符合 SMART 原則。

手法 20	＋／Δ （Plus ／ Delta）

使用場景

步驟 ❹ 交流想法｜步驟 ❻ 改善團隊自省

概述・目的

＋／Δ（Plus ／ Delta）是一種**討論正向（＋）的事（成功或好的事情）以及變更（Δ）的事（想要改善的事情）來提出想法的手法**。它不僅可以用作「改善團隊自省」的手法，還可以在「交流想法」時使用。

當用於「改善團隊自省」時，將會自省團隊自省的進行方式、引導過程、參與者的行為和發言內容等等。在這些方面，將討論做得好的地方和需要繼續的地方，以及需要改善的地方。這是一種可以在短時間內進行的手法。

所需時間

進行「改善團隊自省」時，包含事前準備和說明，約需 5 分鐘。

進行「交流想法」時，通常需要 10 ～ 15 分的時間。

Part 3
08
創建團隊自省的場域

回想事件

交流想法

決定行動

改善團隊自省

手法 20

＋／Δ （Plus ／ Delta）

$+$ $\triangle$

在團隊自省中試驗了行動   有支筆沒水了

輪替引導者   想試另外一個 app

光姐的正面意見   提問「學到了什麼」
                                              很難
已經習慣 YWT 了

3 分鐘後 or 寫到這裡完成

圖 8.26 $+$／$\triangle$ 範例

進行方式

【事前準備】在白板上垂直劃分為兩部分,左右分別寫上「＋」和「△」

如果是**用作「改善團隊自省」的情況**,請從對本次團隊自省內容有意見的人開始發言。將發言的意見加到白板上的「＋」或「△」之一。當意見數量達到一定數目或時間限制用完時,就結束發言。

如果是**用作「交流想法」的情況**,請就團隊的活動或團隊自省的主題提出「＋」和「△」的內容。在這種情況下,不必擔心意見的數量,一旦用完時間限制就結束討論。首先,建議每個人先單獨寫五分鐘左右的便利貼,然後所有人在十分鐘左右的時間內,與其他人分享自己的意見並加以補充。

Part 3
08
創建團隊
自省的場域

回想事件

交流想法

決定行動

改善團隊
自省

手法
20

＋／Δ（Plus／Delta）

莉卡的重點整理

意見不要中斷，一直説下去，
請務必在下次團隊自省中加以利用

這種手法的優點在於即使時間有限，也可以快速進行。發表意見的人可以一邊説話並將大致內容寫到在白板上。其他人無需等待白板書寫完成，就可以繼續發表意見。如果無法及時寫下來，團隊成員可以共同合作，使用便利貼或在白板上寫下意見。

如果團隊裡有不擅長發言的人，建議在發言時使用**發言幫手**（Talking Object，縮寫 TO）。準備一個小玩偶或其他可以單手拿著的物品（TO），然後把 TO 傳給參加者中的任何人，由 TO 的持有者開始發言。TO 的持有者可以發言説話，也可以再把 TO 傳給其他人。同時，如果沒有持有 TO 的人也想要發言，可以要求將 TO 傳遞過來。透過使用 TO，不僅可以防止討論變得太過拘謹，還可以更順暢地提出意見。

務必在下次團隊自省中加以利用

請把這次的團隊自省的改善點，充分利用於下次的團隊自省中。在準備下一次的團隊白省時，不要忘記將這次＋／**Δ**的結果化為行動，並試著對團隊自省本身作出改善。

精益專欄

Kudo Cards

在本章中介紹的 **Kudo Cards** p.171 ，如圖 A 所示，用於傳遞對他人的感謝和讚賞，卡片上可以寫上「THANK YOU」、「CONGRATULATIONS!」、「GREAT JOB!」、「WELL DONE」等詞語。當團隊成員感覺到感謝或想讚賞某人時，可以在卡片上寫下自己的感受，然後將卡片放入盒子中保存，或者掛在牆上展示。將卡片放入盒子中的方法被稱為 Kudo Box，掛在牆上則稱之為 Kudo Wall。

這兩者的共同處在於，**作為一個團隊或組織，彼此能持續地在日常生活中傳達感謝和讚賞。**

除了團隊自省之外，在其他場合也可以有效地利用這些實踐，從而逐漸打造一個敏捷的團隊。

在線上環境中也可以使用的工具 [12]。作為線上團隊溝通的一部分，不妨將這些工具納入團隊中。

圖 A　Kudo Cards 填寫範例 [11]　　　　　© 2015 Jürgen Dittmar

---

[11]　https://www.oreilly.com/library/view/managing-for-happiness/9781119268680/
[12]　https://kudobox.co

Chapter 09

團隊自省的
要素和問題

事實（主觀和客觀 ／ 定性和定量 ／ 成功和失敗）

情緒

時間線和事件

過去 ・ 現在 ・ 未來 ・ 理想 ・ 差距

學習與覺察

發散和收斂

採取行動

在進行團隊自省時，關鍵就是提出「問題」。那麼應該提出哪些問題才可以加強團隊自省的效果呢？

開始團隊自省後 7 週

嗯……

怎麼啦？

沒什麼…你不覺得團隊自省很難嗎？

疑問狀…

即使被問到「你學到了什麼※1？」，我也無法馬上回答出來。

是啊，聽到的問題不同，回想起來的內容也會不一樣

打比方，「什麼引起了你的注意？」或「下一步我們可以利用什麼？」等等

哦！好像有想到什麼事情了

這是我目前一直以來在使用的提問

．Keep ‧ 做了什麼

．Problem ‧ 學到了什麼

．Try※2 ‧ 下一步將要做什麼

儘管手法不同，也有相似的提問耶

知道有哪些提問可以使用，的確可以擴大團隊自省的範圍呢

我們一起來想想吧！

團隊自省有各種不同的手法。雖然每種手法的提問內容和進行方式都有所不同，但本質上團隊自省的要素相似。在本章中，將介紹那些構成團隊自省核心的要素，以及用於引導它們的七個問題。

- 事實（主觀和客觀／定性和定量／成功和失敗）
- 情緒
- 時間線和事件
- 過去・現在・未來・理想・差距
- 學習與覺察
- 發散和收斂
- 採取行動

在本章中，將介紹這些要素的詳細內容以及每個要素的問題範例。在進行團隊自省時，若能意識到並運用這些要素和問題，將能引導出更多樣化的意見。在深入探討對方意見時，或是希望從不同觀點收集想法時，請試著使用這些問句。

另外，在選擇團隊自省的手法時、想要改善團隊自省，使其更符合團隊需求時、或是想創造新的團隊自省手法時，可以參考這些要素和問題。

※1　YWT 的其中一個問題是 W「學到了什麼」。YWT 在第 8 章「了解如何進行團隊自省」中的「12 YWT」 p.204 　有詳細的解說。

※2　KPT 是「Keep（保持）」「Problem（問題）」「Try（嘗試）」三個單字的首字母縮寫。KPT 在第 8 章「了解如何進行團隊自省」中的「11 KPT」 p.198 　有詳細的解說。

事實（主觀和客觀／定性和定量／成功和失敗）

事實是指在團隊內部或團隊周圍發生的事情，在團隊自省時，回想這些事實並提出意見。在看待事實時，可以從以下三個角度來考慮「主觀與客觀」「定性與定量」「成功與失敗」。

主觀指的是從自己的角度來看，例如「如果我這樣思考並採取行動，就會產生這樣的結果（我認為的）」。收集主觀事實有助於了解自己和團隊的傾向與行動原則，這就是所謂的「後設認知 [3]」。透過交換主觀事實，並比較彼此的觀點，可以彌合認知差距，也更容易獲得客觀資訊。

客觀是指團隊所有成員都能夠認同的資訊，例如「團隊發生了○○的變化」。使用客觀資訊將更容易基於事實作出分析，也更容易作出改善。

定性則是指描述事物性質的資訊，例如「Bug 發生的頻率降低了（感覺上）」。所以定性資訊可以用來向團隊傳達自己的自我認知。

定量則是指具體表達數值變化的資訊，例如「版本發布時間縮短了○○分鐘」。定量資訊可以用來具體化客觀資訊，並以視覺化的方式呈現團隊的變化，使團隊更容易理解需要改進和修正的地方。

成功是指「○○做得很好」這樣值得發揚的事件。如果個人或團隊能夠意識到成功，可以提高士氣，並且促進創造更大的成功的意識。

失敗是指「○○做不到」這樣需要改進的事件。在指出失敗時，請注意不要進行個人批評或攻擊。透過深入探討失敗的原因，可以將其聯繫到根本性的改善。

---

[3]　後設認知（Metacognitive），認識「自己的認知方式和行為過程」。

基於這些觀點，接下來看看收集事實時所需的問題。

- 你做了什麼？／你試著做什麼？

- 發生了什麼？／沒有發生什麼？

- 你注意到什麼？／有什麼忘記了嗎？

- 哪些事情是按計劃進行的？／哪些事情是意想不到的？

- 你促成了什麼樣的變化？／你無法促成什麼樣的變化？

- 你的努力帶來了什麼效果？

- 有沒有可以用數字來證明的變化？

- 花了多長時間？

- 從自己的角度／團隊的角度看到了什麼？

- 只有自己能看到的是什麼？

- 你得到了什麼／失去了什麼？

- 你做成了什麼／做不到什麼？

- 有哪些持續能做到的？

- 哪些事情做得好／哪些事情做不好？

- 我們之前能做的事情，現在卻做不到的是什麼？

Part 3
09

情
緒

情緒

在團隊自省中，**情緒**也是重要的要素之一。從「愉快」等正面情緒到「憤怒」或「怒氣」等負面情緒，收集各種情緒可以促進學習與覺察，並提高團隊採取行動的動力。

正面情緒可以連結到自我效能[※4]，提高動機，並更容易促使人們更願意嘗試新的挑戰。負面情緒則是了解理想與現實的差距的機會，也是促進改善的契機。透過思考「為什麼我會有這樣的感覺」，將有助於提高後設認知的能力。此外，當許多人都有相似的情緒時，就能認識到這是團隊需要關注的課題，並從中學習經驗。

就讓情緒隨著事實一同表達出來吧。即使在同一事實前，每個團隊成員也可能產生不同的情緒。在這種情況下，思考這些差異是如何產生的，可以促進相互理解和溝通的活絡。此外，如果團隊成員了解到彼此抱有相同的情緒，這也將有助於團隊提出具有強烈共鳴的想法和行動。

另外，還有一種方法是從情緒中提取事實。首先，試著找出自己內心深處的「情緒」提取出來。回想一下是什麼使自己的情緒出現波動，尤其是那些讓情緒受到觸動的事件，透過這種方式，就可以利用情緒來提取事實。

而情緒可以藉由以下類似的問題來引導出來。

[※4]　自我效能（Self-efficacy）是指認知到自己在某種情境下能夠成功地採取必要的行動。當自我效能提高後，會更容易地引發新的行動。

- 是什麼讓你覺得有趣／什麼時候？為什麼會有這種感覺？

- 是什麼讓你感到快樂／什麼時候？為什麼會有這種感覺？

- 是什麼讓你覺得感激／什麼時候？為什麼會有這種感覺？

- 是什麼讓你感到悲傷／什麼時候？為什麼會有這種感覺？

- 是什麼讓你感到憤怒或生氣／在什麼情況下？為什麼會有這種
感覺？

- 是什麼讓你感到壓力或挫折／在什麼情況下？為什麼會有這種
感覺？

- 是什麼讓你感到痛苦／在什麼情況下？為什麼會有這種感覺？

- 是什麼讓你感到危險或危機／在什麼情況下？為什麼會有這種
感覺？

- 是什麼讓你感覺和以前一樣／在什麼情況下？為什麼會有這種
感覺？

- 是什麼讓你感覺和以前不同／在什麼情況下？為什麼會有這種
感覺？

- （團隊自省的特定期間）如果要給一個分數，你會打多少分？為什
麼會有這種感覺？

- 是什麼讓你感到情緒最動盪／在什麼情況下？為什麼會有這種
感覺？

- （團隊自省的特定期間）你的情緒如何變化？有什麼趨勢嗎？

- 你的情緒什麼時候最高昂？是什麼原因？

- 你的情緒什麼時候最低落？是什麼原因？

- 是什麼讓你感覺最○○（例如，愉快／難過）／在什麼情況下？
為什麼會有這種感覺？

時間線和事件

根據時間線或事件提取事實和情緒。

時間線是沿著時間軸回想團隊自省的特定期間內發生的事件。不過,並不需要按照時間順序(從過去到現在)回想。可以從能夠立即想起的地方開始,然後以該時間點為中心,回想之前或之後的事件。在回想結束後,將這些事件按照時間順序排列好,接著進行團隊共享事實和情緒。

對於**事件**[5],根據每個團隊所參與的事件,例如會議、討論、故障處理或者團隊協作等等,來回想發生了什麼事情。

結合時間線和事件提出可以引導大家討論的話題,例如「星期一有一個〇〇的活動」,「説起來,昨天傍晚我們談到了〇〇」,「在〇〇的會議中,提到了〇〇的話題」。這些話題都可以成為回想的開始時間點,幫助每個人回想在時間點之前或之後的各種事件。

以下是用來引導時間線和事件的問題。

- 在〇〇月／〇〇週／〇〇日／星期〇〇發生了什麼事情?
- 在早上／中午／下午／晚上發生了什麼事情?
- (某個事件的)之前／之後發生了什麼事情?
- (某個事件的)原因是什麼?
- (某個事件的)導致了哪些後續事件?
- 在定期舉行的事件／會議／討論中做了什麼?
- 在突發發生的事件／會議／討論中做了什麼?
- 有沒有不同於平常的事件。為什麼會進行這些活動?

---

[5] 就 Scrum 而言,也包括 Scrum 中定義的事件。例如 Sprint Planning、Daily Scrum、Sprint Review、Sprint Retrospective。還有 Product Backlog Refinement。

過去・現在・未來・理想・差距

根據時間軸來提取事實和情緒。

不僅是**過去・現在**，還可以透過討論**未來・理想**以及它們之間的**差距**，可以更容易地引出想法和行動。這些討論通常由以下問題引發，雖然這類似於時間線的作法，但它的問題更抽象，會更大範圍地回想事情。例如

- 回想「過去發生了什麼」

- 回想「現在正在發生什麼」

- 描繪「未來的模樣或理想狀態」

- 討論「與現狀和過去之間的差距」

建議按這個順序回想，這樣可以更容易提出想法。

而為了引出這些想法，可以提出以下問題。

- 最近／稍早／很久以前發生過什麼事情？
- 現在正在發生什麼事情？
- 即將／稍後／未來會發生什麼事情？
- 即將／稍後／未來想要發生或達成的事情是什麼？
- 你或團隊的理想是什麼？
- 過去與現實之間的變化是什麼？為什麼會發生變化？
- 現實與理想之間的差距是什麼？為什麼會有這樣的差距？
- 想像的未來和理想的差距是什麼？這種差距的原因是什麼？

Part 3
09

學習與覺察

學習與覺察

分享自己和團隊從事實和情緒中**學到了什麼，以及所獲得的覺察**。這些學習與覺察將有助於團隊提出新的想法。

即使說「讓我們討論學習與覺察」，但對於不習慣的人還是很難將學習與覺察言語化。即使在團隊自省的過程中，提出能夠引發學習的「問題」也是相當困難的。由於每個人的感受和理解方式不同，因此從哪種問題才能意識到學習與覺察，以及如何引出它們，都會因人而異。藉由準備多種不同類型的問題，就能從各種不同的角度引發學習與覺察。

以下介紹一些能引發學習的提問範例。

- 有什麼樣的學習或覺察？
- 下一步可以運用或改進的事情是什麼？為什麼？
- 有什麼讓你關注或擔心的事情？為什麼？
- 對什麼感到興趣或被吸引？為什麼？
- 有哪些方面變得更好或更差？為什麼？
- 有特別好的地方或不好的地方？為什麼這麼覺得？
- 看到了什麼樣的趨勢？為什麼？
- 有哪些不同的想法？為什麼這樣覺得？
- 和以前相比，發生了相同的事情還是不同的事情？為什麼？
- 你對這個過程的印象如何？為什麼？
- 有什麼留下深刻印象的事情？為什麼？
- 你想向不在場的人傳達什麼？為什麼？
- 有什麼一定要傳達或教導的事情？為什麼？

發散和收斂

在考慮想法或行動時，必不可少的作法就是**發散**和**收斂**。透過靈活運用想法的發散和收斂，團隊就可以制定出更好的行動。

發散是一種作法能產生許多新的想法，或將不同的想法組合在一起。這種作法將能增加在團隊自省中可用的資訊量。透過發散，也可以從一個想法中產生許多不同的新想法。

收斂是一種作法能篩選多個想法，作出歸納，然後利用它來明確下一步討論的方向或達成共識。

以下是可用於發散和收斂的問題。

■ 發散的問題

- 即使覺得很小或很無聊，也請說出來。
- 即使覺得和別人的意見相似，也請說出來。
- 請告訴大家，你想到了什麼。
- 你現在在想什麼？
- 在那個情境中發生了什麼？
- 即使只是稍微改變，你會做什麼？

■ 收斂的問題

- 你喜歡什麼？
- 你認為重要／不太重要的事情是什麼？
- 優先順序高／低的事情是什麼？
- 有效的／無效的事情是什麼？
- 你想做的事情／不想做的事情是什麼？

採取行動

將迄今為止説明過的要素轉化為下一步的**行動**。僅僅列舉學習與覺察,自然地就會在團隊自省參與者的意識中產生行動,而行動更有可能在無意識下已然進行。然而,透過將其具體化並實施,團隊更能夠快速地做出變革。

以下介紹一些可以產生行動的提問。

- 你會採取什麼行動?/進行什麼改善?
- 有什麼想嘗試的事情嗎?/想挑戰的事情是什麼?
- 有什麼新事物是你想開始的嗎?/有什麼事情是你想停止的?
- 有哪些你想增強的事情?/想要減少的事情是什麼?
- 有哪些你想深入學習的事情?/什麼可以幫助團隊成長?
- 為實現目標,你能做些什麼?/朝前邁進的一步是什麼?

將行動具體化

行動在執行後越快能夠獲得回饋,成長的機會就越大。儘早將所學運用,迅速檢視其是否有效,並進一步調整以實現更好的行動。為實現這一目標,需要考慮能立即實施的小型具體行動。在考慮這類行動時,請參考第 8 章中介紹的 SMART 目標 p.236 可能會很有幫助。**SMART** 是以下五個原則單詞首字母的縮寫。

- Specific（具體的）
- Measurable（可衡量）
- Achievable（可實現的）
- Relevant（相關的）
- Timely ／ Time-bounded（即時的／有時限的）

以下介紹幾個包含這些要素的具體行動的提問。

- [Specific ／ 5W1H] 我們將進行什麼行動？由誰執行？何時進行？在哪裡進行？為什麼要進行？如何進行？
- [Measurable] 什麼條件下可以說這個行動已經完成？如何測量行動的效果？
- [Achievable] 這個行動是否可行？有哪些可能的困難點？
- [Relevant] 這個行動將產生什麼效果？會有什麼影響？
- [Timely ／ Time-bounded] 我們能立刻進行這個行動嗎？這個行動的截止時間是什麼時候？

精益專欄

縮小想法和行動範圍的軸

除了第 8 章中介紹的 Effort & Pain / Feasible & Useful p.224 以及點點投票 p.227 之外，還有許多其他的不同的「軸」（Axis）以用於篩選和分類想法和行動。而這些「軸」可以拆分或組合使用。請根據所面臨問題或行動的不同，選擇合適的「軸」。

以下一些軸的例子。

- 優先順位：該項目對團隊的優先程度有多高。

- 緊急度：該項目有多緊急。

- 再發率和嚴重程度：問題的再發率和嚴重程度如何。

- 風險與回報：執行想法或行動的風險和回報。

- 實驗性：有多少實驗性、有多少挑戰性。

- 價值：對團隊產生多少價值。

- 影響：對團隊造成多大影響。

這些「軸」的概念更多地來自於各種諮詢框架等其他領域，而不僅限於團隊自省手法中。請積極利用從各種領域的書籍和網站獲取的資訊，並將其充分運用在團隊自省中。

Chapter **10**

團隊自省的
手法組合技

想要進行首次團隊自省

首次團隊自省後,到逐漸熟悉團隊自省的過程

進一步了解團隊的狀態

定期檢視團隊的狀態

加強溝通和協作能力

加快學習和實驗的過程,使團隊走出困境

提出很多令人興奮和正面積極的想法

解決團隊中持續存在的問題

一開始，很難想像應該如何組合使用這些手法。所以可以先參考一些常見的
組合技範例，接著就讓想像力膨脹起來吧。

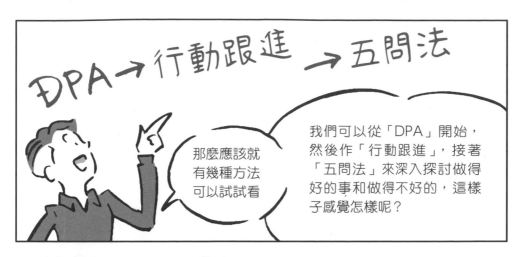

DPA → 行動跟進 → 五問法

那麼應該就有幾種方法可以試試看

我們可以從「DPA」開始，然後作「行動跟進」，接著「五問法」來深入探討做得好的事和做得不好的，這樣子感覺怎樣呢？

還有，像這個「問答圈」如何？

噢，那是什麼？聽起來很有趣

妳知道很多不同的手法耶，我們可以將它們重新組合看看

其實根據團隊的情況不同，適合的手法也會有不同

來吧，你覺得這個組合怎樣？

・DPA
・行動跟進
・五問法
・問答圈

感覺不錯喔

好，我們先去準備一些團隊自省會議的零食吧！

我們走吧！

就只想著吃…

以下會介紹一些團隊自省手法的組合應用範例。並按不同目的介紹組合的方式，請根據團隊的情況和狀態選擇使用。

想要進行首次團隊自省

組合技

DPA ➡ KPT 或 YWT ➡ + ╱ Δ

目的和進行方式

首先，為了讓團隊所有成員都意識到參與團隊自省的重要性，可以根據 **DPA** p.155 中的「團隊自省規則」與所有人共同制定並達成一致共識。

接著，可以使用 **KPT** p.198 或 **YWT** p.204 進行團隊自省。這兩個手法都相對容易理解，即使是對於第一次參與團隊自省的人也容易上手，而且不需要太複雜的解釋。因此，可以很容易地進行團隊情況的共享和想法的交流。使用 **KPT** 的「Try（嘗試）」或 **YWT** 的「下一步將要做什麼」來提出行動，如果還有時間，可以進一步具體化這些行動。

接著最後，用 **+ ╱ Δ** p.241 完成團隊自省的自省。

以上使用的手法數量不多，而且只由簡單的手法組成，因此非常適合用來學習團隊自省的流程。在下次之後，只需將 **DPA** 更換為其他手法，就可以用相同的方式進行團隊自省了。

首次團隊自省後，到逐漸熟悉團隊自省的過程

組合技

感謝 ➡ KPT 或 YWT
➡ 點點投票 ➡ SMART 目標 ➡ ＋／Δ

紅綠燈 ➡ KPT 或 YWT
➡ 點點投票 ➡ SMART 目標 ➡ 紅綠燈

目的和進行方式

這是在實踐了「**首次嘗試團隊自省**」 p.262 之後，為了提出更具體的行動而作出的組合。

如果團隊成員之間的關係較為疏遠，可以使用**感謝** p.171 的手法，以拉近團隊成員彼此間心的距離，然後再開始團隊自省。

如果想要確切感受團隊自省的效果，可以在團隊自省的開始和結束時使用**紅綠燈** p.164 ，透過觀察團隊的情緒變化，然後另行討論本次團隊自省帶來了什麼樣的效果。

不同於「**首次嘗試團隊自省**」，這裡加入了**點點投票** p.227 和 **SMART 目標** p.236 。這是為了從 KPT p.198 或 YWT p.204 中提出的想法中，選擇對團隊來說重要的想法，並將其深入挖掘為可行且具體的行動。

由於深入挖掘行動需要一段時間來熟悉，因此最好多次重複執行組合技到熟練，以便能創建具體的行動。

進一步了解團隊的狀態

組合技

期待與擔憂 ➡ 時間軸 ➡ KPT ➡
點點投票 ➡ SMART 目標 ➡ 感謝

目的和進行方式

這種組合法適用於團隊的情況和狀態尚未清晰可見時，或出現問題或難題時，或者團隊感到停滯不前或不安的情況下。

首先，使用**期待與擔憂** `p.160` 來簡單地視覺化團隊的現狀，然後從已知的問題入手，使用**時間軸** `p.175` 、**KPT** `p.198` 來深入挖掘問題或情況。另外，在 **KPT**「①回想事件」的步驟可以略過，因為可以用時間軸的結果來代替。

當團隊的情況逐漸明朗後，就可以開始提出行動。使用 **KPT** 方法，提出 Keep 的想法或解決 Problem 的想法，並將它們作為 Try 的基礎來生成行動候選項，然後使用**點點投票** `p.227` 來篩選。然後，將篩選出的行動使用 **SMART 目標** `p.236` 來具體化。

最後，使用**感謝** `p.171` ，轉換一下心情，以準備迎來接下來的挑戰，並結束這次的團隊自省。

定期檢視團隊的狀態

組合技

DPA ➡ 行動跟進 ➡ 五問法 ➡ 問答圈 ➡ ＋／Δ

目的和進行方式

這是一種每隔 1 ～ 3 個月，用於確認團隊的情況或狀態的組合技。

首先使用 **DPA** p.155 ，重新建立團隊自省的規則。即使過去已制定過規則，在這個步驟也可以重新制定或調整，以確保團隊自省的規則適合當前的狀況。

接著使用**行動跟進** p.194 ，檢視過去實施的行動，並確認團隊是否正在一點一點地進步。

然後，如果有執行得好的行動，使用**五問法** p.189 找出其原因，並將其應用到團隊。如果有無法執行或已經不再執行的行動，同樣可以使用**五問法**來查明未執行的原因。

接著使用**問答圈** p.232 ，試著討論團隊的未來方針。在這步驟中，建議以中長期的視角來考慮行動。

最後，使用 **＋／Δ** p.241 ，與所有人討論最近團隊自省的進行方式，並將其應用到下次及以後的團隊自省中。

☰ 加強溝通和協作能力

組合技

感謝 ➡ 團隊故事 ➡ 問答圈 ➡ 感謝

目的和進行方式

這是在團隊的溝通和協作還不夠流暢時，或希望找到比以前更好的方法時實施的組合技。

一開始，可以透過**感謝** `p.171` ，互相表達平常的感謝之情，這不僅有助於加強團隊成員之間的關係，也有助於更容易開始進行團隊自省。

接下來，使用**團隊故事** `p.180` ，討論最近團隊的活動，並探討哪些方面在溝通和協作方面表現出色，以及哪些方面存在壓力。

一旦整理出學習、體悟、問題等內容後，接著透過**問答圈** `p.232` ，由團隊所有人一起討論行動。由於**問答圈**是一種可以活絡團隊溝通的好用手法，因此，透過這次團隊自省，也能讓日常的溝通更加活絡。

最後，就讓彼此表達在過程中的**感謝**，然後結束這次的團隊自省。

加快學習和實驗的過程，使團隊走出困境

組合技

開心雷達 ➡ Celebration Grid ➡ 小改善點子 ➡
Effort & Pain ➡ SMART 目標 ➡ ＋／Δ

紅綠燈 ➡ Fun ／ Done ／ Learn ➡ 問答圈 ➡ 紅綠燈

目的和進行方式

這是為了關注學習和實驗，以帶來新的挑戰給團隊而實施的組合技。

從開心雷達開始

使用**開心雷達** `p.186` 頁，能輕鬆地回想在團隊自省特定期間內發生的事件，然後使用 **Celebration Grid** `p.215` 從獲得學習和實驗的角度去轉化這些事件。

如果團隊沒有發現足夠的學習和實驗，那麼可以考慮使用**小改善點子** `p.221` 來增加它們。由於透過**小改善點子**可以產生很多想法，因此使用 **Effort & Pain ／ Feasible & Useful** `p.224` 來篩選這些想法。在篩選時，可以選擇那些可以帶來更多學習或可以產生實驗的想法。

然後，將篩選出的想法透過 **SMART 目標** `p.236` 具體化，並將其用於下一步的實驗

最後，使用＋／Δ `p.241` 來改善團隊自省的進行方式。

▍從紅綠燈開始

使用**紅綠燈** p.164 ，來表達對以下主題的心情或情緒

- 最近團隊是否有學習？

- 是否已經進行了實驗？

接下來，使用 **Fun ／ Done ／ Learn** p.185 來討論最近團隊中發生的有趣事件（Fun）、已完成的實驗（Done）、以及學到的事情（Learn）等，並觀察其中的趨勢。

如果出現了像「想增加更多的 Learn」或「希望增加更多的 Fun」這樣的討論，那麼可以使用**問答圈** p.232 來討論為了實現這些目標可以採取什麼行動。

最後，再次使用**紅綠燈**，對以下主題表達心情或情緒。

- 未來是否能有更多學習？

- 是否有可能進行實驗？

提出很多令人興奮和正面積極的想法

組合技

期待與擔憂 ➡ 熱氣球 或 帆船 或 高速車 或 火箭
➡ 小改善點子 ➡ Feasible & Useful ➡ 感謝

目的和進行方式

這是一個使用隱喻來提出很多令人興奮和正面積極的想法的團隊自省組合技。它可以讓團隊保持積極態度，同時還可以有效地活絡團隊溝通。

首先，以**期待與擔憂** p.160，討論關於團隊的期望以及團隊所追求的目標。如果接著是使用**帆船** p.212 或**火箭** p.214 的手法的話，由於手法中已預設包含了目標，因此可以略過**期待與擔憂**這部分。

在確定目標之後，可以使用**熱氣球** p.208 、**高速車** p.213 、**帆船**、或**火箭**等隱喻，來討論團隊的當前狀態以及哪些因素能夠推動或減緩團隊的進展。並且討論當團隊朝著目標前進時，需要採取什麼措施以及中長期的路線圖。

接著，可以使用**小改善點子** p.221 來提出許多關於實現這個路線的想法。

用 **Feasible & Useful** p.224 縮小範圍並決定作法，讓團隊一起付諸行動。

最後，藉由**感謝** p.171 ，結束這次團隊自省。

解決團隊中持續存在的問題

組合技

期待與擔憂 ➡ 紅綠燈 ➡ 五問法 ➡ 點點投票 ➡
SMART 目標 ➡ 紅綠燈

目的和進行方式

這是一種用於深入挖掘根本問題並針對問題切入的組合技。當團隊一直面臨著需要解決的問題,而為了這些問題能獲得解決,使團隊越過阻礙繼續前進,請使用這個手法組合技。

首先,使用**期待與擔憂** p.160 來指出團隊當前值得擔憂的事項。

如果出現了許多擔憂事項,請使用**紅綠燈** p.164 ,視覺化每個擔憂對團隊成員的心理負擔程度和不安等負面影響有多大。

特別是對於嚴重程度或重要性較高的擔憂,可以用**五問法** p.189 來深入挖掘問題的根本原因。

找到根本原因後,將使用**點點投票** p.227 來決定從哪些方面進行解決。如果根本原因太過複雜,難以解決,那麼需要確定從哪個方面著手分解問題。

接著,可以使用 **SMART 目標** p.236 來具體化解決問題的方法,並制定相關的行動計劃。

最後,再次使用**紅綠燈**,確認擔憂事項的解決程度。

Chapter **11**

關於團隊自省
的各種困擾

Part 4 將介紹有關團隊自省的各種訣竅和提示。

進行團隊自省時經常會遇到困擾，而且大多數人都會遇上這狀況。本章將解釋在進行團隊自省時經常出現的「團隊自省的困擾」。儘管困擾的答案只是一個例子，但一定會有所幫助。

在本章中討論的團隊自省困擾，將按照以下方式進行分類。在遇到困擾時，請將其作為參考書來使用。

- 舉辦團隊自省的困擾
- 關於事前準備的困擾
- 關於場域佈置的困擾
- 關於回想事件的困擾
- 關於提出意見的困擾
- 關於做出決定的困擾
- 關於改善團隊自省的困擾
- 關於展開行動的困擾

舉辦團隊自省的困擾

如何應對那些不願意參與
團隊自省的人？

也許是因為團隊自省的時間和其他工作有衝突，所以他們優先選擇了其他工作。如果是這樣，可以考慮調整團隊自省的時間，以便那些有時間衝突的人能夠更容易地參與進來。

另外，也可以詢問他們不參加團隊自省的原因。具體原因可能有所不同，但如果可能的話，可以直接告訴他們「希望你能參加團隊自省」。

如果不參加的原因是因為對團隊自省持有否定態度，或者是「不太了解所以沒參加」，那麼應該清楚地說明團隊自省的目的，以及參與可以為團隊有什麼樣的效果。關於團隊自省的目的和效果，請參考第 1 章「什麼是團隊自省？」p.1 。

如果無法讓所有成員都參加，
所以這次可以跳過團隊自省嗎？

不行。請盡可能嘗試不要跳過。這樣的疑慮是在開始進行團隊自省時常見的困擾。所以即使只有 1 ～ 2 位成員參加，也應該繼續進行團隊自省。如果跳過一次，很可能會導致下次也跳過，接著再下一次也是，最終導致團隊自省不再舉行。

如果透過調整時間可以讓所有人參加,那麼就優先考慮調整該次團隊自省的時間。儘管在特殊情況下可以多次調整時間,但如果知道提前知道其他安排容易衝突的情況,最好將團隊自省時間移到大家更容易參加的日期和時間。

應該找多少人參加?

請邀請日常參與團隊活動的人參加團隊自省。如果是導 Scrum 框架的團隊,則由 Product Owner、ScrumMaster、以及所有開發人員全員參加。如果團隊的氛圍並不會因某人存在而使得意見難以表達,那就可以邀請與團隊相關的上司或專家等。透過邀請團隊外部的成員參加團隊自省,可以獲得不同於日常的回饋視角,並且更容易展開涉及這些人的持續改善。

當人很多的時候該怎麼進行?

如果參與人數超過 10 人,確實需要精心安排團隊自省的進行方式。在參與人數眾多時,可以考慮將人員分成 6 人以下的小組進行。這些小組可以使用以下兩個方式進行,還有比較特別的方式請參考[※1]。

- 在團隊自省過程中分組,每個小組回想事件並提出想法,然後在小組之間共享,最後整個團隊一起制定行動計畫。
- 在團隊自省開始之前分組,每個小組各自帶開獨立討論、共享資訊並制定行動計畫,在團隊自省的最後時刻,各小組可以互相分享他們各自擬定的行動計劃。

※1　多人數討論與意見交換的有效方法之一是**金魚缸(Fishbowl)**。詳細內容請參閱 https://www.funretrospectives.com/fishbowl-conversation/

關於事前準備的困擾

> 每次都由我擔任引導者，
> 這樣繼續下去可以嗎？

在熟悉團隊自省的流程之前，由團隊負責人或 ScrumMaster 擔任引導者是常見的情況。此外，責任感和使命感強的人往往會認為「如果自己不努力，團隊自省就不會成功」。在這種情況下，請信任團隊成員，並嘗試讓他們輪流擔任引導者。一旦將引導者的角色交給其他成員，並給他們更多自主權時，團隊通常會更主動參與，自發地來參加團隊自省。

當所有參與者都擔任過引導者時，發表意見的方式和團隊自省的進行方式也會發生顯著變化。即使是一點一點來也沒關係，培養每個人都帶著**大家一起參與團隊自省**的意識，一起做出改變吧[2]。

> 誰來準備團隊自省的工具？

如果可能，請讓團隊所有成員都參與準備。將團隊自省道具整理到可攜式工具箱中，這樣能讓準備工作會變得更加輕鬆。在進行團隊自省之前，除了準備道具之外，還需要佈置場地。這一點也建議在團隊自省開始前 15 分鐘左右，由團隊所有成員共同完成。如果還能招呼所有成員一起去買飲料零食也會很有趣。

---

[2] 關於如何擔任引導者的問題，在第 7 章「團隊自省的引導」 p.143 頁中有詳細的說明。

團隊自省過程中是否需要休息時間？

如果團隊自省要進行 90 分鐘以上的長時間討論，請每隔 45 ～ 60 分鐘休息 5 ～ 10 分鐘。請確保適當的休息時間，這樣有助於保持參與者的專注度。在休息時段，吃點零食和聊聊天，也可以活絡團隊討論氛圍，提升溝通效能。

可以每週改變團隊自省的
進行方式或手法嗎？

可以改變，這完全沒問題。但是，如果團隊對團隊自省仍不熟悉，或者參與者中有不熟悉的人，請嘗試連續幾次使用相同的進行方式。一旦團隊成員都理解了團隊自省的目的和進行方式，那麼就可以嘗試逐漸地作出改變。

該如何考慮團隊自省的流程結構？

在熟悉團隊自省之前，建議先確定團隊自省的目的、採用哪些手法或組合技（手法的組合）以及如何分配時間。如果一切準備妥當，在團隊自省開始之後就不會感到迷茫和不知所措。當團隊逐漸熟悉流程後，時間分配就可以不必那麼嚴格了。根據每次的討論情況，可以靈活地調整時間分配，這樣可以確保團隊進行更有意義的討論。

關於場域佈置的困擾

可以每次改變團隊自省的主題嗎？

在熟悉團隊自省之前，不必強行設定討論主題。最初可以根據第 1 章中「團隊自省的目標和階段」 p.8 來確定本次團隊自省的主題就可以了。

如果團隊已經磨合過一段時間，並且也熟悉了團隊自省的流程，那麼可以考慮嘗試當場決定主題。一旦確定了主題，就可以圍繞主題展開討論，這樣更容易培養**團隊的自主思考和持續改善**的意識。無論如何，請盡情嘗試各種不同的主題，並在團隊自省的過程中找到樂趣吧。

對於那些根本不給意見的人，
該怎麼辦？

對於那些對團隊自省持消極態度、會分心想其他事情、或者沒有全身心投入的人來說，要他們開口提出意見可能會有些困難。為了培養積極參與團隊自省的態度，首先需要**創建團隊自省的場域**。可以使用第 8 章介紹的 **DPA** p.155 來與全體成員一起制定團隊自省規則，也可以使用**感謝** p.171 的手法，讓每個人都能發表一兩句言論，這樣可以更容易培養參與團隊自省並做出貢獻的意識。

關於回想事件的困擾

不太記得做了什麼，可以看筆記嗎？

若按時間順序回想事件時，通常會發現越久前的事情越難以記憶，尤其是越是往前的事件，細節就會逐漸模糊。超過兩週的較長時間段更是如此，就很難回想起當時的情況，這是很正常的。

首先，不論是什麼事情，都先寫在便利貼上。建議可以從印象深刻的事件開始。從該事件為起點，透過聯想方式來回想相關事件。當然，也可以看看其他人寫的便利貼來幫助回想。

只有在擠不出任何一丁點記憶的時候，再去檢視行事曆或日曆手帳等可以幫助回想的參考資訊。如果一開始就查看這些資訊，很容易會想把所有事件都詳細列出來，導致時間不夠用。所以請將行事曆或日曆手帳上的資訊僅用作協助回想的素材，並按照記憶中發生的順序，逐一將事件寫在便利貼上。

應該避免閒聊或離題嗎？

允許一些輕鬆的閒聊或稍微偏離主題是可以的。透過閒聊和輕鬆互動，可以提高團隊關係的質量。然而，如果一直偏離話題，而導致進展緩慢時，可以採用以下方法來幫助回到正軌。

- 確認團隊自省的目標
- 寫下對話的內容

這樣有助於較容易回到原本的對話主題。

將談話內容記錄下來，乍看之下似乎沒有太大意義，但其實很有效。如果有人一直在說話，將他們的對話內容不斷地寫在白板或便利貼上，可以幫助他們自己意識到「我一直在說話」。然後，一旦他們意識到這一點，可以回到原來的對話主題並繼續進行討論。

應該留多少時間回想事件？

在團隊自省過程中，最耗費時間的步驟通常是「回想事件」。如果團隊自省的特定期間越長，回想事件所需的時間就會增加。此外，參與人數越多，共享訊息和調整觀點所需的時間也會增加。

如果是一週的團隊自省，每個人需要約 8～12 分鐘的時間來回想。如果是兩週的自省，則可能需要約 15～20 分鐘。如果團隊自省的特定期間超過二週或更長，若只有個人回想，能記起的事件數量就會有限制。因此，建議首先花約 15～20 分鐘的時間進行個人回想，然後安排較長的共享時間，透過討論與聯想以溯及更久遠的回想。

在進行團隊共享時，如果是一週的團隊自省，每個人需要大約 1.5～2 分鐘，如果特定期間跨度是兩週，每個人需要大約 3～4 分鐘。

請提前規劃好個人回想和團隊共享的所需時間，以便為團隊自省的回想事件這個步驟做好準備。

在第 8 章「了解如何進行團隊自省」有關於進行一週團隊自省所需時間的詳細說明，特別是針對 5～9 人的團隊。其中包括各種手法所需的時間以及步驟中另外標註的時間。

關於提出意見的困擾

當每個人的觀點都受到某個強勢
的人影響時，該怎麼辦？

在參與團隊自省的團隊成員之間，若存在契約關係或者上下級關係的情況下，發言聲音的份量通常會成為問題。這時可以巧妙地運用便利貼。透過使用便利貼，就可以平等地對待所有人的意見。團隊自省是一個大家一起提出意見，能尊重彼此並共同思考團隊問題的場合。如果一個人的發言過於強烈，那麼很難形成有益於團隊的行動，其他人提出的想法也可能被浪費。此外，如果一個人的想法限制了討論，那麼提出更好的行動就會變得更加困難。

為了避免這種情況發生，便利貼是一個可以清晰地表明**某人的意見僅代表個人觀點，所有人的意見都是平等的**一種工具。每個人都可以將自己獨立思考後的想法寫在便利貼上並進行分享，這一行為本身就可以平等化各種意見的重要性。

此外，也可以使用輪流發言的方法來平衡發言。請參考 **Round Robin** p.200 。

如果看不到團隊哪裡做得好，
該怎麼辦？

成功的部分需要從積極的角度來看待團隊。會出現這種狀況的團隊通常就會過於關注問題和挑戰，而導致過於深入討論問題，最終只會停留在表面上的「這裡做的不錯」的發言，而忽略了其他做得好的部分。

在這種情況下，可以透過改變手法或問題的類型，或者改變提問的順序，以此為團隊帶來變化。因此，請根據情況，考慮先討論「做得好的部分」還是「做的不好的部分」。

這個困擾的解決方法在第 8 章 **KPT** 中的「莉卡的重點整理」 p.202 中有詳細的說明。請參考該頁面。

團隊沒有提出任何問題，沒問題嗎？

首先，請思考一下為什麼你認為那是一個問題。

如果將「團隊自省中必須要解決問題」視為必要做的事，那麼當問題根本不存在時，就可能會感到迷茫和不安。然而，沒有問題本身是一件很好的事情。如果真的是「這次完全沒有問題」，那麼首先與團隊一起慶祝這一事實。然後，再考慮如何進一步提升已經做得好的部分。

如果每次團隊自省時都沒有問題提出，但是卻又感到有一絲絲違和感的話，那麼可以一起討論一下**團隊的理想狀態**。當團隊討論理想狀態和現實狀況之間的差距時，有時可能會讓這個差距浮現為團隊的問題。

問題和想法的細化程度是否需要匹配呢？

不需要強迫所有人達成一致。因為每個團隊成員都有不同的視角和觀點，如此方能提出多樣性的想法。在收集所有成員的意見階段，不需要指定問題的粒度，只需要在所有意見都被提出後，逐漸確定要聚焦的意見即可。

關於做出決定的困擾

行動的具體化很困難，
有沒有什麼訣竅？

行動的具體化，在一開始很難做到。即使是按照第 8 章介紹的 **SMART 目標**
p.236　制定的「具體行動」，在初次嘗試或不熟悉的情況下，也很難做到。
而且行動的具體化需要練習，因此請堅持不懈地持續嘗試。只要每次都能嘗
試具體化行動，經過 4 ～ 8 次左右，就能夠熟練地制定具體行動。

無法具體化行動的困擾有時可能是因為行動的粒度太大，不知道如何著手開
始，尤其是當試圖引發重大變革時。這種情況下，可以考慮採用**小改善點子**
p.211　**，嘗試一些即使是 1% 的變化也能帶來改變的行動**。只
要能感受到情況慢慢有所改變，那麼也會更清楚如何制定行動。

如何管理團隊自省的結果？

不需要嚴格管理結果，可以使用任務板等工具來管理行動是否已執行的狀態。

建議將每次團隊自省所使用的白板和便利貼拍照保存成電子檔，或者將這些
照片列印並整理保存。不時檢視過去的照片，觀察團隊自省的變化，團隊應
該會感受到成長的實際進展。

儘管每次都有做團隊自省，
但為什麼團隊還是沒有做得更好？

有做**團隊自省的自省**嗎？如果只是重複增加完成團隊自省的次數並不能使其變得更加有效。即使是只剩餘最後的五分鐘，也請進行一次「團隊自省的自省」。有關詳細訊息，請參考第 4 章中的「步驟 ❻ 改善團隊自省」 p.115 。

如果提出了一個改善團隊自省的想法，
但沒有執行，該怎麼辦呢？

與團隊自省的行動一樣，一旦提出了改善團隊自省的想法，就應該立即著手進行。如果在白板或 Wiki 上已經準備好了用於團隊自省的格式，並且也有改善該格式的想法，請在過程中或結束後立即進行調整。也可以將改善的想法寫在大型便利貼，留下來以供參考。接著，在準備下一次團隊自省或開始之前，請全體成員檢查改善內容，然後再開始團隊自省。

關於展開行動的困擾

> 每次制定了行動，
> 但為什麼就是無法執行？

很多時候，行動未能執行的原因在於這些行動不夠具體。通常是這些行動的描述太抽象，例如「不犯錯」，導致不清楚應該採取什麼具體步驟才能實現它。在這種情況下，請確保使行動具體而且內容清晰，以便能夠執行。可以參考第 8 章的 **SMART 目標** p.236 ，以制定具體的行動。

此外，一旦制定了行動計劃，請將其放在待辦事項清單的最優先級，並在團隊自省結束後立即開始執行。如果在**團隊自省中採取的行動都能立即得到執行和改善**。那麼就請以相同的速度感，作為一個團隊共同進行改善吧。

> 所有的行動都必須成功嗎？

行動不必一定要「必定成功」，重要的是**能夠執行**，而「成功」本身並不一定是最重要的。每次都會成功的行動，也就是從一開始就能預見結果的行動，往往只能解決表面上的問題，而無法解決根本的問題。當面臨不知道如何解決的問題時，嘗試以實驗性的方式逐漸探索解決方法，這種心態更為重要。

行動太多了 ...。從哪裡開始好呢？

請確認行動的數量是否合適。如果每次的行動數量過多，達到了 10 個甚至 20 個，那麼可能無法全部執行。如果每次的行動數量太多，建議將其縮減至最多 3 個。透過一點一點地進行改善，並確認變化，將有助於提高動力並感受到成長的充實感。

如果過去的行動累積太多，建議進行一次行動的檢討和清理。可以參考第 8 章中提到的 **行動跟進** p.194，並嘗試將其付諸實踐。

雖然執行了行動，但感覺好像沒有什麼變化 ...

有確認過行動的結果嗎？如果只是制定和執行行動，並不能立即了解對團隊產生了什麼影響。也有可能行動只是由單一人員完成，而未能在整個團隊中產生任何影響。

一旦執行了行動，請與團隊一起討論這些行動帶來了什麼樣的變化。如果該行動帶來了正面影響，那麼可以將這種影響擴展到整個團隊，或者將其演變成更有益於團隊的變革性行動。如果什麼都沒有改變，那麼這是重新審視制定行動方式的好機會。如果產生了負面影響，則應立即采取措施進行修正。行動也需要細心檢查和不斷改善。

精益專欄

以心智圖的形式可視化意見和觀點

在團隊自省中，會有很多不同的意見。有些資訊可能不是以便利貼或白板上表達出來，而是以口頭形式分享。在這種情況下，如果能夠視覺化交談的意見，就可以清楚地了解討論的方向和情況，從而可以更具體地提出想法，並更容易達成團隊自省的目標。以下將介紹一種視覺化意見的技術，心智圖。

心智圖是一種視覺化手法，可以幫助人們視覺化思考過程。它是以放射狀的方式來擴展想法，可以使用線條連接想法之間的關聯，或者使用線條深入探討事件或想法。這有助於更清晰地邏輯理解和組織思考。

Web　https://zh.wikipedia.org/zh-tw/心智圖

Mind Maps 是一個全球通用的商標，對心智圖的繪製方式有嚴格的定義。然而，在像團隊自省和腦力激盪等情境下，要求每個人都嚴格遵守這些規定可能會變得困難。在一般狀況下，可以不必拘泥於嚴格的規則，而是將相關意見用線連接起來，或者用圓圈進行強調，然後像樹枝一樣畫出分支。在白板的中央寫下主題，然後向外延伸分支，這樣更容易綜觀全局。

在進行視覺化的訣竅就是不要過於追求完美。即使看起來有些凌亂也不要太在意，請繼續把大家的意見或想法視覺化。即使意見經過視覺化後變得有些混亂，但參與者仍然可以理解其中的內容。不必太在意字和圖畫的美觀與否，而是要勇敢地繼續繪製。比起字或圖畫的美觀，視覺化本身會更有價值。

Chapter **12**

Scrum與團隊自省

從 Scrum Guide 中理解
  Sprint Retrospective 的定義
  ScrumMaster 的角色

採用 Scrum 的團隊會進行「Sprint Retrospective」活動作為團隊自省的一部分。請確保團隊成員也了解 Scrum 的定義和原則。

本章將針對正在實施 Scrum 的開發團隊成員們，解釋 Sprint Retrospective。接下來請與團隊成員一起加深對 Scrum 和團隊自省的理解。

從 Scrum Guide 中理解

Sprint Retrospective 的定義

在敏捷開發的流程框架「Scrum」中，關於 Sprint Retrospective 的定義可以在 Scrum 的指南「Scrum Guide」中找到。在第 1 章中提及的「團隊自省的目的與階段」，即

- 停下手邊工作

- 加速團隊成長

- 改善流程

如果能理解了這部分，應該能更容易理解 Scrum Guide 中的說明。請注意，本書引用了當下最新版本，即 2020 年版的 Scrum Guide [1]。若有更新版本，建議查閱參考最新的定義，這將有助於更深入地理解。

> Sprint Retrospective 的用途是規劃出能提升品質與效能的方法。
>
> Scrum Team 檢視上個 Sprint 中有關人員、互動、流程、工具以及他們的完成之定義的情況。被檢 視的元素通常隨工作領域而不同。

---

[1] Scrum Guide（中文版）PDF
https://scrumguides.org/docs/scrumguide/v2020/2020-Scrum-Guide-Chinese-Traditional.pdf

團隊會辨識出他們迷失方向的假設，並探究這些假設的起源。Scrum Team 討論此次 Sprint 中，什麼進展順利，遇到哪些問題，以及如何（或為何無法）解決這些問題。

Scrum Team 辨識出最有用的改變以提升其效能。最具衝擊力的改善行動將儘速執行。甚至可以納入到下一個 Sprint 的 Sprint Backlog 中。

Sprint Retrospective 是總結 Sprint 的事件。是有時間盒限定 (timeboxed) 的，以一個月的 Sprint 來說，最多為 3 個小時；而較短的 Sprint，這個事件所需時間通常會更短。

出處：Scrum Guide（中文版）PDF

雖然可能有很多不熟悉的詞彙，但請放心。接下來將逐步解釋，並且會將其簡化為更簡單的詞語。這裡會分為五個獨立的段落來一一說明要點。

- Sprint Retrospective 的目的
- Sprint Retrospective 的檢視內容
- Sprint Retrospective 的討論內容
- Sprint Retrospective 中行動的制定
- Sprint Retrospective 的時間

▎Sprint Retrospective 的目的

Sprint Retrospective 的用途是規劃出能提升品質與效能的方法。

出處：Scrum Guide（中文版）PDF

Sprint Retrospective 的目的是討論如何提升**團隊的品質與效能**，以便能夠創造更大的價值。

團隊的品質是指，實踐 Scrum 的團隊的流程、溝通等「團隊本身」的品質。團隊的效益是指，團隊透過協作產生的互動，以及對產品、利益相關者等，對團隊周圍和團隊本身產生的正面影響。在 Sprint Retrospective 中，團隊會計劃如何提高這些品質和效益。

為了做到這一點，需要團隊對流程重新檢視，讓每個人都去掉他們認為困難和乏味的部分，或者嘗試挑戰以前沒有做過的事情，以尋找更好的做法。這些想法可能不容易在一般檢討會議的氛圍中產生。因此，讓 Sprint Retrospective 本身也能在輕鬆愉快的氛圍中進行吧。

Sprint Retrospective 的檢視內容

> Scrum Team 檢視上個 Sprint 中有關人員、互動、流程、工具以及他們的完成之定義的情況。被檢視的元素通常隨工作領域而不同。

出處：Scrum Guide（中文版）PDF

在 Sprint Retrospective 中，將會檢視團隊的狀態。團隊成員分享彼此各自擁有的資訊，並確認團隊是否正在朝著目標穩步前進，團隊的溝通是否順暢等。要確認的關注點包括**個人、互動、流程、工具和完成的定義**。

許多首次進行 Sprint Retropective 的人們往往傾向於從「流程」和「工具」的角度來嘗試改善問題。雖然這兩者也是需要的，但首先應該關注的是「個人」和「互動」，並思考「團隊的溝通和協作」是否有效（是否相互產生良好的互動）。

在團隊內部的溝通不良的情況下，即使進行流程更改或工具導入，流程上的問題也不會完全解決。而遺留下的流程問題所造成的影響，將會漸漸蔓延到整個團隊。

許多團隊在初期發生的問題，都是透過團隊成員之間的溝通與互動，才能逐漸得到改善和解決。所以團隊首先需要關注的是「個人」和「互動」。

在考慮過這些因素之後，還會檢視「流程」、「工具」和「完成的定義」。尤其是「完成的定義」直接影響產品的品質，也關係到產生產品的「團隊的品質」。為了提高團隊的品質，團隊應該共同討論如何處理「完成的定義」。

Sprint Retrospective 的討論內容

> 團隊會辨識出他們迷失方向的假設，並探究這些假設的起源。Scrum Team 討論此次 Sprint 中，什麼進展順利，遇到哪些問題，以及如何（或為何無法）解決這些問題。

出處：Scrum Guide（中文版）PDF

這裡需要關注的是**有什麼是進展順利的事**。由於平日的工作中存在著高度的不確定性，因此團隊選擇採用敏捷開發與 Scrum 這樣的工作方式，以便從每個 Sprint 的經驗中學習。

除了要確認「發生了什麼問題」，也要確認團隊在哪些方面表現出色，並在該方面逐漸擴大團隊的優勢範圍。同時，了解「問題是如何解決的」也會非常有用。例如，如果發現有人在以前混亂的線上溝通環境中表現出色，那麼可以讓所有人嘗試學習他的方法。

同時，也要關注哪些方面表現不佳。所以從「發生了什麼問題」和「哪些問題尚未解決」的負面情況，將負面轉化為正面來提升團隊的表現，以及從表現出色的正面情況，將正面轉化為更積極正面，進一步提高團隊的績效。

此外，還要探討「什麼做得好」和「發生了什麼問題」的**根本原因**。透過深入挖掘為何成功或失敗，團隊就更容易生成下一步行動的想法。在這個挖掘過程中，第 8 章介紹的**五問法** p.189 會非常有幫助。

Sprint Retrospective 中行動的制定

> Scrum Team 辨識出最有用的改變以提升其效能。

出處：Scrum Guide（中文版）PDF

與團隊成員一起考慮那些對團隊來說有最大「效益」的行動。當團隊剛剛成立時，可以專注於加強資訊共享和人際關係，即使沒有明確的行動也沒關係。然而，即使在這種情況下，也要重視團隊成員提出的「下一步應該做這個」或「這個地方可能需要改進」等意見。只要在不斷重複的 Sprint Retrospective 中鼓勵大家盡量表達意見，並將其逐漸轉化為具體的行動。

> 最具衝擊力的改善行動將儘速執行。甚至可以納入到下一個 Sprint 的 Sprint Backlog 中。

出處：Scrum Guide（中文版）PDF

建議在制定行動後立即執行。如果在 Sprint Retrospective 結束後立即採取行動，就能確實地加以改善。若是團隊有任務列表，也可以將這些行動排在最優先的任務上，那麼團隊就可以首先對其進行改善。

但是常見的情況是「制定了行動卻沒有執行」。為了珍惜團隊改變的契機，請協助全體團隊共同執行行動。行動的結果，無論是成功還是不如預期，實際上都是無法預測的。

即使結果與預期不符，也能從中獲得學習與寶貴的經驗。重要的是執行行動，而不是一昧地追求成功。

不過，對於團隊而言，持續改善並非只在每個 Sprint Retrospective 中進行。在日常工作中，如果團隊養成了持續改善的習慣，就能立即解決問題，也能不斷嘗試挑戰新的事物。Sprint Retropective 的目的正是為此而創造這樣的契機。

透過 Sprint Retrospective，打造一個讓團隊能夠在日常工作中持續改善和不斷挑戰的環境。

Sprint Retrospective 的時間

Sprint Retrospective 為結束 Sprint 的活動。如果 Sprint 持續一個月，則 Sprint Retrospective 最多為 3 小時。如果 Sprint 的期間較短，Sprint Retrospective 的時間通常也較短。

出處：Scrum Guide（中文版）PDF

如果是一個月的 Sprint，根據 Scrum Guide，Sprint Retrospective 通常需要最多三小時，所以如果是一週的 Sprint，大約需要 45 分鐘左右來進行 Sprint Retrospective。然而，如果團隊不太熟悉這個過程，對於一週的 Sprint 來説，建議大約 60 ～ 120 分鐘左右的時間可能會更合適。

如果是兩週的 Sprint，建議大約 90 ～ 150 分鐘左右的時間進行 Sprint Retrospective。隨著團隊的熟悉程度增加，可以在團隊有一致共識的情況下逐漸縮短時間，但不建議一開始就設定太短的時間。這是因為如果 Sprint Retrospective 的時間太短，可能會導致效果不明顯，難以感受到改善的效果。

ScrumMaster 的角色

這是與 Sprint Retropective 相關的重要內容，在 Scrum Guide 中「ScrumMaster」章節中記載如下。

確保所有的 Scrum 事件都舉行，有建設性、有成效的並且保持在時間盒（timebox）內進行。

出處：Scrum Guide（中文版）PDF

※2　根據 Sprint Retrospective 的特定期間和參與人數，所需的時間可能會有所不同。關於 Sprint Retrospective 所需時間，請參閱第 1 章「團隊自省是什麼？」中的表 1.1 p.14 有詳細的解說。

▍確保所有 Scrum 事件都會如期舉行

這些 Scrum 事件中包含了 Sprint Retrospective。

如果 Sprint Retrospective 被跳過，團隊的問題可能就會開始積累。而且，許多被跳過的原因是因為團隊沒有深刻理解到 Sprint Retrospective 的目的，導致它被視作「只是做做樣子」或者「只是被迫參加」的事件。

為了避免這種情況，請讓整個團隊共同了解 Sprint Retrospective 的目的和重要性。

▍確保所有 Scrum 事件都能變得正面和富有生產力的

提到正面，通常會讓人聯想到「前瞻性」的精神面，但除了精神面之外，也有「建設性」和「實用性」的意思。

然而，如果只注重「實用性」的部分，就會過度追求效率，使得 Sprint Retrospective 變得乏味。只要團隊能夠有所進步，並獲得變革和成長的契機，這本身就已經是一件正面的事情了。

為了實現這樣的 Sprint Retrospective，不僅僅是 ScrumMaster，而是由整個團隊一起來設計 Sprint Retrospective。

▍確保遵守時間限制

將時間限制簡單明瞭地重新說明，就是確保**在設定的時間內達到團隊自省的目的**。

如果整個團隊不注重在指定的時間內完成產出，其他會議或 Scrum 事件也容易變得漫無目的、拖拖拉拉地缺乏集中力。

在 Sprint Retrospective 中，也需要全體成員一同協力，在預定的時間內完成。每個人都應該積極參與對話，讓新想法不斷產生。如果無法在時間內完成，就一起討論如何改善 Sprint Retrospective 本身。

Chapter **13**

團隊自省的
「守、破、離」

團隊自省的「守」

團隊自省的「破」

團隊自省的「離」

要學會並熟練運用團隊自省，需要經歷哪些步驟呢？接下來一起來看看團隊自省的成長路徑。

守破離^{Shu Ha Ri}是一種在武道、茶道等領域使用的思維方式，最初是來源於日本茶聖千利休的教誨，這被收錄在《利休道歌》和歌集第一百零二首中「規矩需嚴守，雖有破有離，但不可忘本」。

大意是「要堅守禮法（規範）的教誨（規則），儘管可能會打破或離開它，但不要忘記了基本（本質）。」，這個概念在強調，如果不掌握基本，就不要輕率地打破或離開它，否則可能會導致問題。

接著更詳細地探討一下「守破離」吧。

在「守破離」中，首先要從師傅那裡學習基本的「型」（套路）。反覆練習，直到能夠熟練掌握這些套路的基本功，直到可以在反射的層次上執行它們。這就是**守**的概念。

接著，不僅只向一位師傅學習，還可以向其他師傅和不同的流派學習不同的套路，並將自己所學的套路加以解釋和重新詮釋。這樣，就能夠打破既有的套路，並創造出新的套路。這就是**破**的概念。

在不斷地學習新套路的過程中，當回歸到基本功時，會逐漸看到「型」（套路）的根本和精髓。當以基本功為基礎重新審視套路時，不再受限於現有的套路，而能夠自由自在地運用。這就是**離**的概念。

守破離的理念不僅適用於武道和茶道，也適用於團隊自省。運用「守破離」的概念，從了解團隊自省的「型」（套路）開始，然後逐漸實踐，從而讓團隊逐漸穩步成長。

要想踏上「守破離」的階段，就必須不斷實踐，並對團隊自省本身進行自省。每次進行團隊自省時，都應該有意識地進行「團隊自省的自省」，以俾利能找到適合團隊的方式。

那麼，接著就來探討團隊自省的「守破離」吧。

團隊自省的「守」

每個人都從**了解**團隊自省開始。並了解其目的，然後試著進行團隊自省。首先，要反覆進行相同的步驟，並在不斷改善團隊自省的過程中，直到熟悉整個團隊自省的流程。

坊間已有許多關於團隊自省的書籍（關鍵字：敏捷、Agile、Scrum），以及 Web 網路上也有很多提供團隊自省手法的網站或網路文章。而本書中也收錄了 20 種手法。請從其中的幾種手法著手，試著模仿看看吧。

在團隊自省的**守**階段，指的是直接模仿這些資料來源中提到的手法。請不要急於根據現場情況進行修改，而是按照説明進行實踐。首先，從嘗試實踐本書介紹的手法可能會是個不錯的開始。而且本書中的眾多手法都是精挑細選出來的，易於使用和容易掌握的手法。

如果想了解更多關於其他團隊自省手法的資訊，請參閱本書末尾的「參考文獻」。

團隊自省的「破」

經反覆練習某特定的手法，當足夠熟練後就能夠自然地按照手法的套路進行實踐。達到這樣的程度後，就能開始積極嘗試其他手法。

在團隊自省的進行方式中，嘗試部分改變或完全更換手法，並嘗試各種實驗，就會發現熟悉的手法和套路，以及新的手法和套路之間的差異。這就是團隊自省的**破**階段。

不斷地反覆這麼做，就可以看出各種手法中的共同思維。這些思維將形成「模式」，並培養出「在這種情況下，這樣做似乎會很好」的經驗法則。透過進一步發展這些經驗法則，將能夠「根據團隊的實際情況預先制定幾種模式，然後按照這些模式進行團隊自省」。就算是在團隊自省過程中發生了意想不到的事情，也將可以不慌不忙地當場應對。

團隊自省的「離」

在「破」的階段中，不斷重複實踐各種團隊自省的手法和套路。然後，當回到最初熟悉的手法（如 KPT 等）時，可能會注意到與之前不同的觀點。

在這個階段，應該開始能夠理解設計這些手法時的意圖，例如「這個手法是為了什麼目的而設計的？」，以及手法的設計意義，例如「為什麼要設定這樣的問題？」。透過這些觀點理解各種手法，而且能夠在不破壞每種手法的「基本」的前提下，將各種手法以自己的方式相互串連和混合使用，以便為團隊選擇或建立適合的組合技。這就是**離**的階段。

一旦達到這個階段，就能夠將團隊自省以外的知識應用於團隊自省，或者反過來，將團隊自省的學習與經驗應用於其他方面的活動，這將在日常工作中變得常見。

當開始能夠理解曾經看似「沒有實際用途」的手法背後的原理，並能從中提取精髓，將其調整成團隊容易應用的形式，同時不破壞其基本，此時，就能夠更好地進行團隊自省。於是就能意識到「團隊自省這個概念非常簡單，且又極富深度」的魅力。

最後，只需要團隊一起努力，為團隊打造更好的團隊自省。讓團隊不斷改善現有的團隊自省，或嘗試各種團隊自省的手法。並從其中挑選出對團隊有用的想法，打造出團隊覺得有趣且有效的團隊自省吧。

Chapter **14**

將團隊自省推廣到組織內部

推廣團隊自省的方法

「團隊自省已經深植在團隊中扎根了。所以希望能將這項作法推廣到其他地方。」在這種情況下應該怎麼做呢？

妳可以把團隊自省推廣到這個團隊以外嗎？

唔～雖然我說會嘗試一下，但是我應該怎麼做呢？

讓我們來吧！即使這麼說，也是會有人反對的吧

那麼，首先是 ...

也許從尋找有興趣的人開始吧

誒 ... 唔～有對團隊自省有興趣的人嗎？就算只是來打醬油觀摩一下也可以 ... 或者 ...

哇！已經有三個人了耶

有興趣！

想聽看看！

怎麼觀摩？

次週的團隊自省中

就這樣，這次在公司內部對團隊自省有興趣的人都會來觀摩喔！

被這麼多人盯著，作為引導者的我也感到有點小緊張啊...

啊哈哈

我們都有認真關注喔

阿勒，在這裡啊！

感覺好像很熱鬧耶，一開始就是這樣子的嗎？

不是耶～其實一開始大家都很不習慣

也還是有冷場的時候啦...

但好像大家都是從那種狀態開始的吧

我想馬上試試看耶！

我對它的印象也很不錯喔～

但是我擔心我們的團隊好像很難抽出時間…

啊，確實如此

如果那樣的話，可以讓每個團隊找一些有興趣的人，然後先小規模地嘗試一下，如何？

那樣也不錯！

那我馬上跟他們聯絡試試！

讓我們一起來想個好方式吧！

這樣就算是踏出了第一步，對吧..

推廣團隊自省的方法

團隊自省是引發變革的契機之一。在團隊內進行的團隊自省可能會有機會擴展到組織內部，甚至在團隊之外實踐。本章將介紹如何將團隊自省傳遞給外部和擴展它的方法。

團隊自省傳遞和擴展的方式並不存在一種「一定會成功的方程式」。就算要傳遞和擴展到其他團隊，但因為兩個團隊的環境本就不同，即使是在自己團隊中運作良好的團隊自省，要直接套用也不一定會成功。

然而，試圖將團隊自省傳遞和擴展給其他團隊時，還是有一些通用的模式可供參考。請根據團隊的實際情況和周圍環境來選擇如何擴展。

開放團隊自省的過程和結果
給他人觀摩吧！

當團隊正在實施團隊自省時，讓有興趣的人觀摩團隊正在做什麼是非常有效的。對於沒有進行過團隊自省的人來說，用言語來傳達團隊的會話內容和所能獲得的效果是很難度的。但如果讓他們實際看到現場情況，對團隊自省的印象就會更加鮮明清晰。如果可能的話，讓想要導入團隊自省的團隊的所有成員都來看看實際過程會更好。

觀摩實際的團隊自省過程，包括其中進行的交流和討論，將有助於其他人更容易理解「團隊自省是一個有價值的活動」。

而且，如果能實際展示上一次團隊自省中採取的行動的成果，那麼團隊自省的有效性就會更有說服力。

此外，請務必將正進行團隊自省的「過程」和「結果」一同展示出來。

若僅只展示結果（例如，在 Wiki 上彙整的資料）可能會讓團隊以外的人覺得「花了這麼多時間討論，結果只有這些嗎？」。所以要讓他們能理解團隊自省的真正價值，在於能**活絡團隊自省以外的活動**。

對於忙碌的團隊來說，也許可以從「小改善活動」開始嘗試！

如果有人覺得「我想進行團隊自省，但太忙了，沒有時間！」，可以建議他們安排 5～10 分鐘的時間，停下來思考。可以在日常的會議中，如早會、午會或晚會中，為每個人安排 5 分鐘的討論時間。在這段時間裡，開始討論

● 接下來該做什麼

之類的話題，並制定面向未來的改善活動。如此一來，團隊可以輕鬆地分享問題並解決它們，逐漸消除「太忙了」的情況。

或者，可以利用例行會議或會議的最後 5 分鐘，讓大家為該次會議進行改善活動。討論議題可以包括

● 如何讓會議更有效？

● 在下次例行會議前可以做些什麼？

隨著時間的推移，會議和準備會議會變得更加容易，並且也會釋放出其他工作的空閒時間。

一但「小改善活動」變成了團隊日常的一部分，將使推行新活動變得更加容易。如果將「團隊自省」提議作為團隊整體的改善活動的場合，並確實說明目的和內容，那麼團隊自省的導入也就不會那麼困難了。

在這種情況下，要注意可能有成員會誤解「團隊自省一定要作出改善（提出行動）」的觀念。首先，要讓大家了解**團隊自省不一定是一個必須作出改善（提出行動）的場合**。

從有興趣的人開始，逐步讓他們參與進來，並傳播出去！

若是突然間從管理層由上而下的發布命令「從現在開始全體成員都要參與團隊自省」，正常狀況下是不會獲得所有人在實質意義上的參與。一開始，可以逐漸邀請對此有興趣的人參加。首先，與參與的人一起討論以下的內容

- 團隊的現況

- 面臨的困難

- 下一步應該採取的行動

在剛開始這樣的討論是有益的，而且有助於可以吸引更多人參與進來。可以選擇在同一團隊中集結有興趣的人，也可以從多個團隊中吸引有興趣的人。如果是跨多個團隊的成員進行團隊自省，則行動應該以作為一個團隊來考慮「團隊要做什麼」，然後在團隊自省會議上分享這些結果。

然後，在這個由少數有興趣的人組成的團隊自省（核心成員的團隊自省）中，請務必向周圍的人傳播他們在做什麼。另外，請採取「來者不拒」的態度，並確保任何人都可以隨時參加。如果在核心成員中有新的感興趣的人加入，就更容易能讓團隊自省深植人心。

另外，如果周圍的人認知到團隊自省正在進行，請務必透過參加者向全體發出呼籲「這是從團隊自省中得出的行動，我們一起試試吧」，來創造接受這些行動的有利條件。

一旦有團隊能夠開始執行行動，就可以認為接受團隊自省的體制已經到位，心理認可的障礙也已經克服。在這種情況下，如果提出「想讓團隊一起作團隊自省」，就很能順利地開始進行團隊自省了。

莉卡　　　　　　　李大　　　　　　　小皮

繪里　　　　范哥　　　　經理　　　　光姐

謝詞

這次得到了許多貴人的協助，我們完成了這本書《團隊自省指南｜建立敏捷團隊》。在這裡，我要表達我的感謝。從自費出版的技術同人誌開始分享對團隊自省的想法，現在能夠以這樣一本書的形式送到讀者手中，我感到非常高興。

感謝吉羽龍太郎先生、西村直人先生、永瀨美穗女士三位的專業指導，他們不惜花費寶貴的時間來協助我，對本書的整體結構和內容進行改進。多虧了他們，我才能夠調整和確立了本書的定位和基本方針。非常感謝他們。

同時，感謝秋元利春先生、稻山文孝先生、小田中育生先生、及部敬雄先生、金山貴泰先生、田嶋健太先生、田中亮先生、原田騎郎先生、堀宏有先生、增田謙太郎先生等人對本書的評論和協助。感謝以上諸位以讀者角度提出了多方面的指摘，我才能將這本書的內容製作得如此豐富，單憑我獨自一人肯定無法完成。

還有，在製作本書的過程中，一直在背後給予支持的翔泳社‧岩切晃子女士。以及每週在幕後支持的編輯群，翔泳社的片岡仁先生、大嶋航平先生、吉井奏先生。更是感謝插畫師龜倉秀人先生為本書創作了精彩的漫畫。還要感謝在家中幫助我的妻子‧彩實，以及總是給予我力量的兒子‧青葉。非常感謝大家。

最後，我要感謝那些一直在擴展團隊自省世界的前輩們。我是透過前輩們以書籍、文章和網站的形式與我分享的各種資訊，開始和擴展我的團隊自省世界觀。如果前輩們所珍視的事情能夠透過本書清晰地傳達給讀者們，我將不勝榮幸。

作者介紹

▋森 一樹（Mori Kazuki）

團隊引導者／FURIKAERI 實踐會／一般社團法人 AGILETEAM 支援會。

為了最大化發揮團隊的力量，使日本的 IT 企業繁榮發展，我在 SIer 的委託開發現場擔任引導者和敏捷教練。在經歷了多個大型項目之後，我深刻體會到，為了推動組織走向正確的方向，持續改善是至關重要的，而團隊自省是實現這一點的關鍵。從那以後，我一直在探索團隊自省的領域。

以「團隊引導」作為核心方法，我為不同的企業提供專業服務，包括團隊建設和團隊自省等，以提升企業和組織的敏捷性。我管理多個敏捷社群，並持續推廣團隊自省活動。在各個活動中，我通常被人們稱為「黃色使者」。我也提供有關團隊自省導入、落地和團隊建設的諮詢和培訓服務。

Qiita https://qiita.com/viva_tweet_x/ **Twitter** @viva_tweet_x

我第一次接觸團隊自省是在 2015 年。在一個出大狀況的專案結束之後，我的經理對我說「我們來回顧一下吧」，這是我第一次參與反省回顧會。在當時，只有 Problem 大量地浮現。然後，這次類似團隊自省會議的討論結果最終也未能被採用，於是就這樣結束了。這讓我感到很沮喪，當時的我覺得再也不想參與團隊自省了。

再過了兩年，我遇見了敏捷開發法，並參與了當時團隊中的團隊自省活動，對此留下了深刻的印象。我發現像這樣一個有趣的活動可以讓團隊帶來正向的變化。於是我被團隊自省活動所深深吸引，從那時起，我一直在傳播「有趣的團隊自省」，並且不斷深入研究團隊自省的方法。

曾經認為「再也不想作」的團隊自省活動，現在已經成為我的一部分，真是做夢都想不到。未來，我的團隊自省世界也將繼續擴展。如果你認同本書的理念，請和我一起傳播和推廣「有趣的團隊自省」。

參考文獻

以下介紹一些團隊自省的相關文獻，以便讀者能更廣泛、深入地學習團隊自省。作者也以這些文獻為參考來實踐團隊自省。

▍團隊自省有關的書籍

『Agile Retrospectives: Making Good Teams Great』	Esther Derby・Diana Larsen：著／ ISBN： 9780977616640

這是一本關於「敏捷開發」中團隊自省進行方式的書籍。在尋找各種手法時，它將非常有用。本書《團隊自省指南｜打造敏捷團隊》中所介紹的團隊自省手法，受到了這本書很大的影響。

『SCRUM BOOT CAMP ｜ 23 場工作現場的敏捷實戰演練』	西村直人・永瀬美穂・吉羽龍太郎：著／ ISBN： 9786263240889

此書以通俗易懂的方式，幫助你了解 Scrum 實際運作的樣貌，並以漫畫的形式，幫助你了解如何應對與排除問題，更以生動的方式詮釋「Scrum 指南」。

▍團隊自省有關的學習資源

ふりかえり am	https://anchor.fm/furikaerisuruo/

這是作者定期發布的 Podcast 頻道。其話題涵蓋了各種團隊自省的資訊，並也會邀請嘉賓對談交流。截至本書撰寫時，已發布了 36 集，每月發布 2 ～ 4 集。

ふりかえり実践会	https://retrospective.connpass.com/

這是由作者主辦的一個社群，每月舉辦 2 ～ 4 次活動，主題是關於各種團隊自省和敏捷開發相關內容，包括了「スクラムガイドを読み解いてみよう」「ふりかえり am 公開収録」「ふりかえりワークショップ」等。

與 KPT 相關的書籍・URL

| 『これだけ！KPT』 | 天野勝：著／ ISBN：9784799102756 |

天野勝先生是 **KPT** 手法的主要倡導者，他在此書中詳細解釋了 **KPT**。

| 『 LEADER's KPT』 | 天野勝：著／ ISBN：9784799107515 |

這是天野勝先生的第二本 **KPT** 書籍。此書提供了從領導者的角度看待團隊自省的觀點。對於企業中的領導者或管理者應該更容易能學習此書中的 **KPT** 法。

| 『管理ゼロで成果はあがる～「見直す なくす やめる」で組織を えよう』 | 倉貫義人：著／ ISBN：9784297103583 |

此書在開頭簡要介紹 **KPT** 的進行方式。除了可以簡單學習 **KPT** 法之外，還可以學習組織的管理方法。

| プロジェクトファシリテーション 実践編ふりかえりガイド | http://objectclub.jp/download/files/pf/ RetrospectiveMeetingGuide.pdf |

這是 Web 上最實用的 **KPT** 團隊自省參考資料之一。且定期更新，並包含 **KPT** 相關的 Q&A。

多種團隊自省手法相關的書籍・URL

| 『いちばんやさしいアジャイル開発の教本 人気講師が教えるDXを支える開発手法』 | 市谷聡啓・新井剛・小田中育生：著／ ISBN：9784295008835 |

介紹 **YWT**、**KPT**、**Fun ／ Done ／ Learn** 幾種好用的手法。這也是一本學習敏捷開發的好書。

| 『カイゼン・ジャーニー』 | 市谷聡啓・新井剛：著／ ISBN：9784798153346 |

介紹 **YWT**、**KPT**、**時間軸**和「團隊自省的自省」的概念。還介紹了能面向未來名為「Futurespective」的活動。

| 『ふりかえり 本場作り編～ふりかえる その前に～』 | 森一樹：著（2018） |

此書介紹「建立團隊自省的場域」的想法和 20 個可用於場域建立的手法。

『ふりかえり読本 学び編〜経驗を力に変えるふりかえり〜』 森一樹：著（2018）

此書介紹了將學習與覺察轉化為力量的想法、如何持續團隊自省以及可在各種情況下使用的 23 種手法。

『ふりかえり読本 実践編〜型からはじめるふりかえりの守破離〜』 森一樹：著（2019）

在本書《團隊自省指南｜打造敏捷團隊》中介紹的「團隊自省的八個目的」 p.93 p.93，以此為基礎在書中詳細解釋了八種團隊自省流程構成的實際範例。

『Getting Value out of Agile Retrospectives - A Toolbox of Retrospective Exercises』

https://www.infoq.com/minibooks/agile-retrospectives-value/

Ben Linders・Luis Gonçalves：著／ ISBN：9781304789624

介紹了 13 種手法，其中包括**帆船、五問法**。

FunRetrospectives

http://www.funretrospectives.com/

這是由志工們整理的團隊自省相關手法的網站。雖然每個手法的說明都很簡略，但有許多手法可以參考。也可以從網站上購買書籍版。

Retromat

https://retromat.org/en/

與 FunRetrospectives 網站類似，這是一個由志工們收集的團隊自省手法的網站。特色是投稿可以是多國語言的文章。

Agile Retrospective Resource Wiki

https://retrospectivewiki.org

與 FunRetrospectives 網站類似，這是一個由志工們收集的團隊自省手法的網站。其中收集了許多需要較長時間才能完成團隊自省的手法，而這些手法只需要使用一個手法即可完成團隊自省。

RANDOMRETROS.com

https://randomretros.com/

這是一個可以隨機顯示團隊自省手法的網站，並提供手法的說明與其順序。其中有許多有趣的手法，非常適合想嘗試新手法時查看。

Scrum 詞彙對照表

詞彙	內容
Sprint	短衝
Daily Scrum	每日站會
Sprint Planning	短衝規劃會議
Sprint Review	短衝檢視會議
Sprint Retrospective	短衝自省會議
Product Backlog	產品待辦清單
Sprint Backlog	短衝待辦清單
Increment	增量
Product Goal	產品目標
Sprint Goal	短衝目標
Definition of Done（DoD）	完成的定義
Developers	開發團隊
Product Owner	產品負責人
Scrum Master	ScrumMaster

團隊自省速查表

請搭配團隊自省，讓團隊所有人一起使用。

▶ 團隊自省的手法與起手式

手法名稱	概要
DPA	討論想要創造的氛圍和要做的事情，並制定團隊自省的規則。
期待與擔憂	一起討論內心的擔憂與期待，選擇最多兩個團隊自省的主題。
紅綠燈	使用紅、黃、藍三種顏色的圓點貼紙，在團隊自省前後表示自己的心情。
開心雷達	使用三種不同情緒的表情符號來表達「在團隊自省特定期間內發生了什麼」。
感謝	相互表達對團隊中某人的感激之情，為正向的思考做好準備。
時間軸	將團隊發生的事實和感受結合起來寫下並與所有人分享。
團隊故事	專注於溝通和協作，討論團隊中發生的事件。
Fun／Done／Learn	畫出 Fun、Done、Learn 三個圓圈，討論學到的事情、實現的目標以及有趣的經驗。
五問法	反覆追問「為什麼」，深入挖掘事件的原因，這也可用於挖掘正向的方面。
行動跟進	將過去執行的行動分為 Added、Doing、Pending、Dropped、Closed 並進行審查。
KPT	回想事件，按照Keep、Problem、Try 的順序討論，提出改善的想法。
YWT	依照順序討論 做了什麼、學到了什麼、下一步將要做什麼，並提出改善的想法。
熱氣球	使用熱氣球（代表團隊）、上升氣流（代表加速因素）、沙袋（代表減速因素）的隱喻進行討論。
帆船	使用帆船（代表團隊）、順風（代表加速因素）、錨（代表減速因素）、礁石（代表風險）、島嶼（代表目標）的隱喻進行討論。
高速車	使用高速車（代表團隊）、引擎（代表加速因素）、降落傘（代表減速因素）、懸崖（代表風險）、橋樑（代表想法）的隱喻進行討論。
火箭	使用火箭（代表團隊）、發動機（代表加速因素）、隕石（代表風險）、衛星（代表團隊的支援）、外星人（代表意外的想法）的隱喻進行討論。
Celebration Grid	在失誤・實驗・實踐 × 成功・失敗的六個象限來慶祝學習與覺察・實驗。
小改善點子	盡可能多考慮改善方法，即使只有1%的改善。
Effort & Pain	根據 Effort（執行行動所需的努力和心力）和 Pain（解決多大程度的「痛點」）這兩個軸進行分類。
Feasible & Useful	根據 Feasible（實現可能性有多高）和 Useful（有多大的用途）這兩個軸進行分類。
點點投票	每人持有10枚圓點貼，並在投票時進行加權。
問答圈	透過互相提問「我們接下來應該做些什麼」來制定行動並形成團隊共識。
SMART 目標	根據 Specific、Measurable、Achievable、Relevant、Timely／Time-bounded 的原則來具體化行動。
+／△	討論＋（成功或好的事情）、△（想要改善的事情）並提出想法。

▶團隊自省的目的與階段

依照階段來思考團隊自省的目的和進行方式

1. 停下手邊工作
2. 加速團隊成長
3. 改善流程

▶團隊自省的心態

在團隊自省過程中牢記這六種心態

1. 接受包容　　　2. 多方面的詮釋
3. 慶祝學習　　　4. 踏出一小步
5. 實驗精神　　　6. 迅速獲得回饋

▶團隊自省的進行方式 按照步驟進行

頁碼	團隊自省的流程（步驟）①②③④⑤⑥⑦	步驟	內容	
155		步驟①	進行團隊自省的事前準備	•準備道具 •安排場地 •考量目的 　•思考結構 •選擇一位引導者
160		步驟②	創建團隊自省的場域	•確定主題 •決定如何進行 •專注於團隊自省
164 / 168		步驟③	回想事件	•按照時間順序回想 •從事實、感受、學習、意識、成功、失敗等方面回想 •聯想式回想 •單獨個人回想　•團隊共享事件 •將對話內容可視化 •深入挖掘事件細節
171 / 175		步驟④	交流想法	•從團隊的角度思考 •從個人的角度思考 •獨自思考 •團隊一起思考 •共享想法　•發散想法 •衍生想法 •深入探討想法 •分群想法
180 / 185		步驟⑤	決定行動	•行動具體化制定可行的小行動 •制定可衡量的行動 •不要試圖將每個想法變成行動 •制定短期、中期和長期行動　•立即嘗試採取行動 •記錄行動
189 / 194		步驟⑥	改善團隊自省	•自省團隊自省本身 •記錄團隊自省的過程 •以正向的心態開始工作　•為下次的團隊自省做好準備
198 / 204		步驟⑦	展開行動	•將行動列為優先事項並將其任務化 •立即執行行動 •團隊全員共同跟進行動的執行　•對已執行的行動結果做團隊自省 •在工作中改善行動 •定期審查行動的效果

▶團隊自省的手法組合技範例 根據目的調整組合

頁碼	目的	組合
208 / 212	想要進行首次團隊自省	▶DPA ➡ KPT 或 YWT ➡ +／△
213	在首次團隊自省之後，能夠逐漸熟悉團隊自省的過程	▶感謝 ➡ KPT 或 YWT ➡ 點點投票 ➡ SMART目標 ➡ +／△
214		▶紅綠燈 ➡ KPT 或 YWT ➡ 點點投票 ➡ SMART目標 ➡ 紅綠燈
215	進一步了解團隊的狀態	▶期待與擔憂 ➡ 行動跟進 ➡ KPT ➡ 點點投票 ➡ SMART目標 ➡ 感謝
221	定期檢視團隊的狀態	▶DPA ➡ 行動跟進 ➡ 五問法 ➡ 問答圈 ➡ +／△
224	加強溝通和協作能力	▶感謝 ➡ 團隊故事 ➡ 問答圈 ➡ 感謝
224 / 227	加快學習和實驗的過程，使團隊走出困境	▶開心雷達 ➡ Celebration Grid ➡ 小改善點子 ➡ Effort & Pain ➡ SMART目標 ➡ +／△
		▶紅綠燈 ➡ Fun／Done／Learn ➡ 問答圈 ➡ 紅綠燈
232 / 236	提出很多令人興奮和正面積極的想法	▶期待與擔憂 ➡ 熱氣球 或 帆船 或 高速車 或 火箭 ➡ 小改善點子 ➡ Feasible & Useful ➡ 感謝
241	解決團隊中持續存在的問題	▶期待與擔憂 ➡ 紅綠燈 ➡ 五問法 ➡ 點點投票 ➡ SMART目標 ➡ 紅綠燈

團隊自省指南｜建立敏捷團隊

作　　　者：森 一樹
裝訂‧文字設計：和田 奈加子
排　　　版：山口 良二
插　　　圖：亀倉 秀人
譯　　　者：余中平 / 黃世銘
企劃編輯：蔡彤孟
文字編輯：詹祐甯
設計裝幀：張寶莉
發 行 人：廖文良

發 行 所：碁峰資訊股份有限公司
地　　址：台北市南港區三重路 66 號 7 樓之 6
電　　話：(02)2788-2408
傳　　真：(02)8192-4433
網　　站：www.gotop.com.tw
書　　號：ACL068400
版　　次：2023 年 12 月初版
建議售價：NT$500

商標聲明：アジャイルなチームをつくる ふりかえりガイドブック
(Agile na Team wo Tsukuru Furikaeri Guidebook:6879-1)
© 2021 Kazuki Mori
Original Japanese edition published by SHOEISHA Co.,Ltd.
Traditional Chinese Character translation rights arranged with
SHOEISHA Co.,Ltd. Through JAPAN UNI AGENCY, INC.
Traditional Chinese Character translation copyright © 2023 by
GOTOP INFORMATION INC.

國家圖書館出版品預行編目資料

團隊自省指南：建立敏捷團隊 / 森一樹原著；余中平, 黃世銘譯.
-- 初版. -- 臺北市：碁峰資訊, 2023.12
　　面；　　公分
　　ISBN 978-626-324-711-6(平裝)
　1.CST：組織管理　2.CST：職場成功法　3.CST：軟體研發
494.2　　　　　　　　　　　　　　　　112020932